U0021089

大是文化

七小時微積分 Pass過

商管學院、高中生入門必備，
快速搞定斜率、曲邊梯形面積、極限……
躲不掉的大魔王，我絕不重修。

$$f'(x_0) = \lim_{x \to x_0} \frac{x^n - x_0^n}{x - x_0}$$

$$\int \frac{x^2}{\sqrt{ax+b}}\,dx = \frac{2}{15a^3}(3a^2x^2 - 4abx + 8b^2)\sqrt{ax+b} + C$$

$$f(x) = log_a x \ (a > 0, a \neq 1)$$

$$\frac{f'[c + k_2(b-c)] - f'[c - k_1(b-c)]}{b-c} = f''[c + k_2]$$

$$\lim_{x \to 0} \frac{cos(sin x) - cos x}{x^4}$$

圖像程式設計師、
數學達人
劉祺——著

$$f(x) = \frac{x_0}{0!} + \frac{f'(x_0)}{1!} + \frac{f''(x_0)}{2!} + \frac{f'''(x_0)}{3!} + \cdots + \frac{f^{(n)}(x_0)}{n!}$$

Contents

第 1 章　函數是一種對應關係，用「縮印」比方

第 2 章　斜率是微積分的基礎，化成火車時刻表就好懂

第 3 章　**用數學模型推測麵團的大小**

第 4 章　**彈珠的滾動速度與導數**

第 **9** 章

魚缸水壓，是微積分與物理的結合

第 **10** 章

酒精代謝還是中毒？只有微積分能算出來

推薦序一

不管數學程度好不好，都能從此了解微積分

國立臺灣師範大學數學碩士、張旭無限教室創辦人／張旭

如果你總覺得數學好難，但又逼不得已必須學會數學，從生活中的實際例子進入數學世界，是個很好的方法，《七小時微積分 Pass 過》正是這樣一本書。

極限和微分是微積分的基礎內容，大部分的書和課程都是直接從冷冰冰的定義快速切入，但本書作者用火車行進的狀態來說明，讓讀者在第一時間就能體會，極限和微分的直觀感受。

縱使這種比喻不夠嚴謹，卻能讓人更快理解什麼是極限、什麼是微分，況且數學的發展，往往都是先抓住核心概念，再逐步嚴謹化，因此我認為這本書的表達方式，不但符合數學的發展進程，同時還有推廣微積分的效用，拉近了人們與微積分的距離。

可能是因為篇幅的關係，這本書或許無法完整解釋每一個數學等式的推導過程，但我認為，這正好留給那些被作者吸引進微積分世界的讀者們，一個思考與找尋答案的機會。

　　有時候學習需要的，不是一本從頭到尾都寫得百分之百清楚的書，而是一本留下適當空白來誘發學習動機的書。一本沒有任何留白的書，或許可以讓想認真學習的人學到完整知識，但就無法為了填補空白，而養成獨立思考、主動找尋解答的能力。因此，這本書不只是平易近人，還能夠引導讀者思考和探究。

　　書中也有不少數學家的故事和一些數學小知識，例如費氏數列、數學家尤拉、美國著名經濟學家納許的故事，光是看這些故事也能提升不少數學素養，因此即便不去探究所有的細節也沒關係。

　　這樣說起來，這本書好像不適合數學底子好的人？但實際上，數學好的人仍然可以看這本書，因為書中的實例和數學故事，有時正是那些數學好的人所缺乏的。

　　因為數學好的人，往往在接觸某個數學觀念的抽象定義時，很快就能理解並熟練，所以就不會注意到這些觀念到底是為何而存在。在那些數學好的人眼裡，數學定義就像有趣的遊戲規則，只要按照那些規則，就能玩出更有趣的數學遊戲，孰不知數學的定義，往往源於數學家觀察大自然運行，和自身周遭狀態時的心得，這些思想才是數學存在的意義。

　　不同數學程度的人，都能隨著作者的引導進入這本書的世界，而不同的閱讀力道，也都能從中挖出不少收穫。看門道的，能補足單變數微積分的絕大部分內容；看熱鬧的，可以了解微積分和真實世界的關係。

因此，不論你是數學底子好或不好，只要你想了解微積分究竟是怎樣的一門學問，我都相當推薦你來看看這本書。

想知道更多微積分，
掃描這裡就找得到！

推薦序二
大學數學的敲門磚，就看這一本

北京清華大學土木系教授／周虎

我們都曾光顧影印店很多次，可以算是常客了。可是你有沒有發現，影印店老闆經營生意的祕密？有沒有想過，縮印文件中包含的數學問題？還有平常買東西時，有沒有仔細思考過其中的數學方法是什麼？遇到春運❶時，只是抱怨人多？還是有嘗試發掘其中的數學問題？

當然，你可能會認為這些問題這麼簡單，不可能有什麼數學方法。或者說，高等數學和微積分這麼抽象的東西，怎麼可能出現在這些小問題裡？如果你是這樣想的話，可就真是錯得有些離譜。

其實數學問題都是源於生活，但又高於生活的，把數學和生活徹底分開，既不合理也不可能。當然，數學也並不完全是枯燥無味，只是你還沒有找到一個適合自己的學習方法。

從翻開這本書開始，我就對它充滿了期待。這本書把數學完美的

---

❶ 為「春節期間交通運輸」的簡稱，是中國於農曆春節前後，大規模交通運輸的現象。

融合在日常生活之中，讓你在體會生活的同時，也能感受到數學的獨特魅力。這本書將會重新喚醒你對於數學的熱愛，讓數學不再是你的夢魘。

在高中裡流傳著這樣一個笑話：從前有棵很高很高的樹，叫做高數，上面掛了很多很多人。樹的旁邊有座墳叫微積分，裡面葬了很多很多人。如果有一天高數和微積分相愛了，它們私奔到天涯海角，從此消失在校園裡，將會是我們聽過最美好的愛情故事。

這個笑話說明了，無論是高等數學還是微積分，在校園裡都是最令人痛苦的課程。

對於那些剛剛進入大學的學弟妹們，作為學長姐最怕被問的問題就是：「怎麼學好高數。」因為無論是文組還是理組的學生，在高二時就已接觸過一部分高等數學和微積分的內容了，只是**高中老師為了高考❷只專注講公式定理，大學教授又覺得高中都教過了，所以會跳過很多基礎概念不講**。於是期末考時所有學生幾乎都在背公式、例題，所有人都進入了一個無法逃脫的奇怪迴圈──考前背、考後忘，就怕下屆學弟問。於是乎，對於我們這些蒙混過關的學長姐們來說，搪塞學弟妹最好的一句話就是：「上課認真聽講，下課認真完成作業。買本習題解答就成了。」但是至於運用的能力，幾乎為零。

---

❷ 中國高中畢業水平考試的簡稱，相當於臺灣的學測。

　　第一次看見這本書稿時，我很開心，因為當時我的高等數學課程剛好也上到了多重積分，然而，對於積分程度不夠扎實的同學來說，高數課就是「老師在講，我自己在看書」，而且自己的進度慢了不止一、兩節。所以我立刻分享這本書的部分內容給同學們，希望他們可以藉由這本書提高學習數學的樂趣，補足一些數學基礎。

　　或許你們會想問：「有關積分的課本那麼多，為什麼要分享這一本？」市面上除了那些高數課本以外，的確還有很多補充教材，可是這些書夠通俗易懂、結合生活嗎？而**本書只透過 10 個例子，就為大家講解了高等數學中很大一部分知識**，也巧妙避開了那些枯燥的證明過程。這本書詮釋了「數學的精髓不在於知識本身，而在於數學知識中所蘊含的思想方法」的道理。在我看來，教科書是讓你通過期末考試，而這本書更能讓你懂得使用微積分。

　　這本書幫助我的學生打破之前對數學的認識——數學越學越枯燥。不僅如此，受到這本書的啟發，他們反而覺得數學越讀越有趣。特別是這本書的第 7 章，讓大家終於弄懂了那些抽象的面積公式是怎麼證明出來的，也開始關注那些「想當然」背後的數學原理，而這正是站在微積分的數學山峰上，能看到的壯美風景。

　　只要將這本書作為你的大學數學入門書籍，相信你一定會愛上數學的。如果你還沒有準備好，那麼現在就跟隨這本書，一起進入數學的世界吧！

推薦序三

從生活問題出發，自然而然學會微積分

北京源智天下科技有限公司執行長／魏少華

其實在學生時代，我就非常討厭數學，是典型的「數學過敏症」患者。每次聽到數學老師說：「這又是一道送分題。」我內心只會暗暗的說：「要不起。」

當得知要為一本講微積分的書寫序時，我只覺得，又一本我看不懂的大學教材縮印本，會在不久的將來出版了。但是當我看到本書的目錄後，這個想法就突然消失了。我想：這也許**是一本我能看得懂的數學書**。

這本書一開始就討論我最抗拒的函數，但是作者卻沒有用教科書式的口吻來講解，而是把我領入一個真實的情景中。碰巧，第 1 章所說的情景，正是我開始閱讀的當天所經歷過的，所以它一下子就引起了我的興趣。這本書也許正是改變大家對數學刻板印象的末班車。

過去很長一段時間裡，奧數 ❶ 一直是小學升中學，和中考 ❷、高

---

❶ 因國際數學奧林匹克競賽而生的數學課程。
❷ 中國初中學業水平考試的簡稱，相當於臺灣的會考。

考的加分項目，所以數學教育一直被家長的功利心所轄治，數學老師更是本著「勤能補拙」的信條，大搞題海戰術、競賽轟炸。然而，近年來奧數已不再享有加分政策，家長和老師們又馬上轉移陣地，專攻起各種專長的補習。一旦拋開功利，大家對數學的熱愛還剩多少？

現代社會對人的數學素養要求越來越高，自第二次世界大戰之後，幾乎全世界都認為，美國在新科技發展中有著領先地位。實際上，這些科技創新都依賴於美國在數學和科學教育上的領先。換句話說，如果想培養創新型人才，就必須重視數學教育。

隨著科技發展和社會進步，數學不再只是理工科系的基礎課程，已經與越來越多的新領域相互滲透，形成交叉學科。

時至今日，對於能夠熟練應用數學科學的工作者需求與日俱增，「高新技術的本質就是數學技術」的觀點，已經被越來越多的人所接受，然而，也有報告指出，**有超過 22% 的大學一、二年級學生，需要補習數學**，而數學程度真正達到畢業門檻的人，卻不足一半。

這本書拋開了傳統大學教材式的思維，而是藉由生活化的場景及實例，向讀者展示什麼是微積分、如何學習微積分，以及如何解決微積分題目。這是一本手把手教你數學思考過程的神奇之書，不是單純的證明和使用公式而已，而作者的口語化行文也讓這本書簡單易讀。

另外，這本書對於讀者數學程度的要求並不高，卻能大幅度提升數學素養。像我這種從高中畢業後就再也沒怎麼碰過數學的人，也可以**透過自學本書達到大學生的平均程度**。

　　傳統的數學教材，無疑是偏重讓學生掌握準確快捷的計算方法，和嚴謹的邏輯推理，而這本書則是培養讀者使用數學工具分析和解決問題的能力。

　　大多數大學生使用的，是經典的《高等數學》這本教材，和其他典型教材一樣，它也是按照數學的邏輯思路編寫而成。但是對於完全不想學數學的人而言，這樣的書就很可能讀不下去。而這本書和教材最大的不同在於，它會先提出一個生活中常見的問題，再順理成章的解釋它背後的數學原理，最後歸納出嚴謹的數學定理。這正是這本書最引人入勝的地方。

　　在閱讀這本書之前，我也認為「數學只要學到能買菜的程度就行」，而這本書超越了我從小學到高中畢業所有對數學的認識，雖然只有 10 個章節的內容，但是它帶來的效果，卻超過了之前 12 年的數學教育。

　　如果現在你還認為「數學只需要學會加減乘除」的話，我推薦你看一看這本書，它將會顛覆你對數學的認識。

前言
從生活學數學，輕鬆搞懂微積分

　　能翻開這本書的大多數人，想必對數學都有濃厚的興趣。現在有很多年輕人在學習奧數，然而除去奧數在升學中的加分，他們對數學的熱愛又有多少呢？最近逛書店時，餘光所及的幾排書架上，全部都是有關數學的書籍，從小學數學講義，到考研究所的數學模擬試題，應有盡有，但當取下一本來閱讀時，裡面枯燥乏味的證明過程，讓我的心瞬間涼了一半。那些數學帶給我的快樂，彷彿一下子煙消雲散了，現在的數學課本，幾乎是為考試而編寫的。

　　前些年的寒假，我幫很多孩子解答數學問題，絕大多數孩子問的，都是各自在數學課遇到的題目，而有幾個即將參加高考的孩子，特別引起我的注意。其中一個孩子到期末考時數學都還不及格，他一直抱怨自己數學基本觀念很差，不擅長理工科目。我像往常那樣安慰鼓勵他，同時也告訴他，各學習重點往常出過什麼樣的題型，應該怎麼做、怎麼複習等等。但可以預見的是，等到高考過後，他就會完全忘記現在學到的數學知識，只會記得數學是一門令他頭疼的課程，還有一個喋喋不休的數學老師。

　　不過，當閱讀這本書時，魔王一樣的數學就會和你成為朋友，你

也會擁有那些生活中，由數學帶來的快樂和美好記憶。這本書把那些冗長而無趣的證明過程，都換成了生活中的常見現象，開創新的高等數學講解方法。書中不提那些繁雜又毫無用途的證明過程，只通過10個生活中常見的範例，就可以掌握相當於大學水準的數學知識，所以這本書是學習數學的一條捷徑，還很適合在零碎時間閱讀。

二十世紀最重要數學家之一，有「博弈論之父」稱號的約翰·馮·諾伊曼（John von Neumann）曾說過：「如果人們不相信數學是簡單的，只是因為他們還沒有體會到生活的複雜。」如果你認為生活中的柴米油鹽比數學還簡單，只可能是你沒有掌握到學習數學的方法。

所以，請不要一看見數學就覺得頭疼。實際上，學習微積分不需要很高深的數學知識，甚至可以說，微積分和高中數學差不多，只需**要會加減乘除，並且知道怎麼求一些簡單幾何圖形的面積，就完全可以跟著這本書學會微積分。**

數學是有趣的。從義大利數學家斐波那契（Leonardo Pisano Bigollo）的兔子問題 ❶，到「猴子也能寫出威廉·莎士比亞（William Shakespeare）劇作」的「無限猴子定理」 ❷，再從十七世紀神聖羅馬

---

❶ 斐波那契在《計算之書》（*Liber Abaci*）中，提出一個在理想假設條件下兔子成長率的問題，並自行解出各輩分兔子的個數可形成一個數列，也就是斐波那契數。

❷ 十九世紀法國數學家埃米爾·博雷爾（Émile Borel）曾形容，想像有100萬隻猴子每天打字10小時，也幾乎不可能打出圖書館裡所有的書，但相較之下，要違反統計學法則，就算只有一下子，更不可能。這個比喻經過不斷傳誦引述，出現不同版本，其中一個版本即是「圖書館裡的書」改編成「莎士比亞的劇作」。

帝國的哲學家哥特佛萊德・威廉・萊布尼茲（Gottfried W. Leibniz）❸和
艾薩克・牛頓（Isaac Newton）的微積分，到神奇的莫比烏斯環❹，
都詮釋出了數學的無窮樂趣。就如同中國微分幾何學家陳省身教授生
前所說過的那樣——數學很好玩。

斐波那契的兔子問題

中國人自古以來就有「尚用」的精神，即「什麼東西有用就做什
麼，什麼事物有用就學什麼」，而數學就是最有用的東西之一。你可
能會說：「數學怎麼可能會在生活中有用？我的生活裡最多也就是加
減乘除，那些高深的定理公式和我有什麼關係？」

---

❸ 關於萊布尼茲，請見第 73 頁。
❹ 只有一個表面和一條邊的曲面。

但是相信當你讀完這本書就會發現，學數學像吃飯：你可能不記得吃過什麼，但是吃過的食物，有一些會成為你身體的一部分；學數學也是一樣，你可能不記得學了什麼定理，但是它背後的思想會變成你靈魂的一部分。有不少人這樣問過我：「能夠最快提升自身氣質的方法是什麼？」、「怎樣鍛鍊出好脾氣？」我的回答都是：「那就學數學吧！」

在魚龍混雜的網路世界中，數學可以借你一雙慧眼識破謠言，解密真相；在競爭激烈的職場中，數學是你發展專業的敲門磚。如果你堅持只要會加減乘除，就足以應付日常生活瑣事，那麼這本書將會顛覆你這一想法；如果你認為數學枯燥無趣，這本書也將會改變你對數學的印象。

本書全部內容由劉祺編寫。其中，特別感謝譚寬先生對第 10 章中涉及醫學知識的詳細說明，還要感謝在本書背後默默奉獻的編輯，以及在創作期間給予幫助的前輩、同行、朋友。

我相信，讀完這本書後你會發現，原本以為數學很難，是因為那些名詞讓人迷惑，但實際上都只是一碰就倒的「紙老虎」而已。

限於編者水準和時間倉促的緣故，書中不免存在不嚴謹和疏漏之處，還請廣大讀者批評指正。

第 1 章

函數是一種對應關係，
用「縮印」來比方

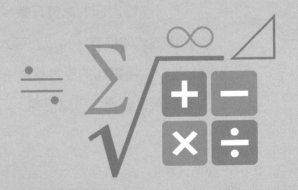

大家一定遇過這樣的問題：想查閱某些非常重要的文獻資料時，發現手頭上沒有，便只能去圖書館借閱。若想永久保存書中的某一章節，影印或許是個好辦法，但是對於某些專業領域的書籍來說，影印不僅浪費紙張，而且印出來的紙本文件也不方便攜帶，這時就會用到影印機的縮印功能。這本書的一開始，我們就來探討一下縮印需要多少張紙的問題。

影印店裡的函數和映射

如果我們使用一般的事務機或影印機，為了確保在縮印之後，文字既不會變形也能清楚辨識，可以選擇把原書的長和寬都縮短一半，再印刷在和原書一樣大小的紙張上。由此可以輕鬆計算出：在一張紙的一面上，可以印刷原書 4 頁的內容。如果採用雙面印刷的話，在同一張紙上就可以印刷原書 8 頁的內容，兩張紙可以印刷原書 16 頁的內容，三張紙可以印刷原書 24 頁的內容……。

因此歸納出下列式子：

需影印的原書頁數＝用於縮印的紙張數×8

利用等式的性質，可以在等式兩側同時除以 8，於是就得到了：

需影印的原書頁數÷8＝用於縮印的紙張數

經過再次整理，可以得到：

$$縮印用紙數 = \frac{需印原書頁數}{8}$$

　　但這個算式存在一個問題：如果有一本 100 頁的書籍需要縮印，那麼縮印用紙數量即為 12.5。會出現小數，是因為縮印所需的最後一張紙只用了一半，但在現實生活中，就算只用了一半，也要按照一整張紙來計算。那麼就把上面的算式變成：

$$縮印用紙數量 = \left\lceil \frac{需印原書頁數}{8} \right\rceil$$

　　添加在等式右側的「⌈⌉」符號叫「向上取整」。意思是，當用了少於一張的紙時，不管用了這張紙的多少，都要按照一整張計算。當然，你也許會遇到一個慷慨的影印店老闆，說：「既然最後一張沒有印滿，那麼這張紙就不算在內了。」這時候就會出現下面的算式：

$$收費紙張數 = \left\lfloor \frac{需印原書頁數}{8} \right\rfloor$$

　　添加在等式右側的「⌊⌋」符號叫「向下取整」。它的意思是，當你非常幸運遇到慷慨的老闆，他會因為最後一張紙沒有印滿，而不向你收取該張紙的費用。

　　如果我們把上述問題用數學來表達，可以寫成如下頁的形式：

設：用 x 表示需印刷原頁數，y 表示縮印用紙數量，$f(x)$ 表示用紙的數量和原有頁數之間的轉換關係，即有：

$$y = f(x) \quad f(x) = \left\lceil \frac{x}{8} \right\rceil$$

當然你也可以把 $f(x)$ 去掉，寫成：

$$y = \left\lceil \frac{x}{8} \right\rceil$$

這裡，我們將 $y = \left\lceil \frac{x}{8} \right\rceil$ 稱為「映射」，$f(x)$ 則為「函數」。縮印一本書實際需要多少張紙，要看原書需要縮印的內容有多少頁，也就是上式中的 x，所以 x 就叫「自變數」，因為它是可以自由改變的。而代表縮印使用了多少張紙的 y，雖然也會改變，但它是根據 x 的改變而改變，所以把 y 稱為「應變數」。

細心觀察就會發現，如果需要縮印的頁數有 97 頁，就會印出 13 張紙，需要縮印的有 98 頁時，還是需要印 13 張紙。按這一規律推算，當需要縮印的頁數有 104 頁時，我們還是需要 13 張紙。也就是說，當需要縮印的頁數在 97 頁至 104 頁時，都需要用到 13 張紙。由此可以歸納出：**一個自變數所對應的應變數是唯一且明確的，但一個應變數卻可以被若干個自變數所對應。這就是函數和映射的性質。**

對於像縮印這樣實際發生的問題來說，x 必須是正整數，因為

想要縮印出 −5 頁，或是影印 2.33 頁都是不可能的。關於 x 的取值範圍，我們可以用一個數學上的專有名詞來表示，就是「定義域」。對於那些取任何值都可以的事物（比如氣溫），會說它的定義域是全體實數，而像縮印頁數這種問題，則需要依實際狀況來分析。

相對的，既然自變數 x 有範圍，那麼應變數 y 也一定有範圍，我們將應變數的取值範圍稱為「值域」。

如果影印店老板說，沒印滿的紙張不收費，而縮印每張紙應付 5 角錢。由此可知，需要收費的紙張數為：

$$收費紙張數 = \left\lceil \frac{需印原書頁數}{8} \right\rceil$$

這次我們用 x 表示需影印的原書頁數，y 表示收費紙張數，$f(x)$ 表示收費紙張數和需影印原書頁數之間的轉換關係，可得到：

$$y = f(x) \quad f(x) = \left\lceil \frac{x}{8} \right\rceil$$

這樣就知道應為多少張紙付費，接下來只需要計算出應該付多少錢就可以了。

於是有：

$$應付款項 = 0.5 \times 收費紙張數$$

這裡將應付款項設為 z，收費紙張數和應付款項的對應關係是

$g(x)$，則有：

$$z = g(y) \quad g(y) = 0.5 \times y \quad y = f(x) \quad f(x) = \left\lfloor \frac{x}{8} \right\rfloor$$

在 $y=f(x)$ 這個算式中，y 是根據 x 的值而變化，所以它是應變數。但是還會發現，在 $z=g(y)$ 中，z 是根據 y 的變化而變化，所以 y 在 $y=f(x)$ 這個算式中是自變數，而在 $z=g(y)$ 這個算式中是應變數。所以誰是自變數、誰是應變數，並非絕對。

當然，如果你嫌 y 這個字母多餘，也可以將上述算式寫成：

$$z = g(f) \quad g(f) = 0.5 \times f(x) \quad f(x) = \left\lfloor \frac{x}{8} \right\rfloor$$

這裡將原本的 $g(y)$ 寫成了 $g(f)$ 的形式，其中，**f 代表的是 $f(x)$ 計算的結果**。如果你還覺得這樣寫太囉嗦，還有更簡潔的寫法是：

$$g(f) = 0.5 \times f(x) \quad f(x) = \left\lfloor \frac{x}{8} \right\rfloor$$

在 $f(x) = \left\lfloor \dfrac{x}{8} \right\rfloor$ 中，$f(x)$ 是函數。然而在 $g(f)=0.5 \times f(x)$ 中，f 是在自變數的位置，我們就稱這種自變數也是另一個函數的情況（在這裡 $g(*)$ 不僅是一個式子，還是一個函數）叫做「複合函數」。

我們也可以把上述複合函數簡化，使之成為一般函數，即是用

$\left\lfloor \dfrac{x}{8} \right\rfloor$ 代替上式中的 $f(x)$，用 x 代替 f，可得：

$$g\,(x) = 0.5 \times \left\lfloor \dfrac{x}{8} \right\rfloor$$

這時，上式中的自變數變成了 x，所以 $g(*)$ 所表示的映射發生了改變。之前當 $g(f)$ 時，$g(*)$ 表示收費紙張數和應付款的對應關係，但是現在由於自變數由 f 變成了 x，所以 $g(*)$ 就變成需影印原書頁數和應付款的對應關係。

如果有一天，你遇到另一個更慷慨的老闆，他說：「縮印每張紙仍應付 5 角錢，但是沒印滿的紙張不收費，而且消費超過 50 元的部分還打 8 折。」

在這個條件下，當縮印的消費小於或等於 50 元時，還可以使用之前的算式，即：

$$g\,(x) = 0.5 \times \left\lfloor \dfrac{x}{8} \right\rfloor$$

但當縮印費用超過 50 元時，按照老闆的優惠方法，就應該對超過 50 元的部分打 8 折。那麼超過 50 元的部分就應寫成：$g(x)$-50 或 $0.5 \times \left\lfloor \dfrac{x}{8} \right\rfloor - 50$ 的形式。對這部分打 8 折，則是用它乘以 0.8 就可以了，於是得出超過 50 元的部分應付款算式：$[g(x)\text{-}50] \times 0.8$，當然也可以寫成 $\left(0.5 \times \left\lfloor \dfrac{x}{8} \right\rfloor - 50 \right) \times 0.8$ 的形式。

但這只是超出 50 元的部分優惠後的價錢，還沒有加上不打折的 50 元。因此，當消費超過 50 元時，則有應付款 $g(x)$ 為：

$$g(x) = 50 + \left(0.5 \times \left\lfloor \frac{x}{8} \right\rfloor - 50\right) \times 0.8$$

上面算式可以化簡：

$$g(x) = 50 + \left(0.5 \times \left\lfloor \frac{x}{8} \right\rfloor - 50\right) \times 0.8$$

$$= 50 + 0.5 \times 0.8 \times \left\lfloor \frac{x}{8} \right\rfloor - 50 \times 0.8$$

$$= 50 - 40 + 0.4 \times \left\lfloor \frac{x}{8} \right\rfloor = 10 + 0.4 \times \left\lfloor \frac{x}{8} \right\rfloor$$

因此，優惠後的價格為：

$$g(x) = 10 + 0.4 \times \left\lfloor \frac{x}{8} \right\rfloor$$

現在再來考慮，當縮印的內容為多少頁時，費用才會比 50 元多。已知消費為 50 元時，表示共縮印了 100 張紙（因為每張紙 5 角錢），但是按照老闆的計算方法，如果最後一張紙沒有印滿，就不收錢，所以如果想要消費超過 50 元，就必須「印滿」101 張紙，也就是至少要縮印 808 頁的內容。所以，當縮印的內容少於 808 頁時不能

打折，大於等於 808 頁時就可以順利享受優惠。

我們將這種分成兩部分或若干部分計算的函數，叫做「分段函數」，用數學語言表達就是這樣：

$$g(x) = \begin{cases} 0.5 \times \left\lfloor \dfrac{x}{8} \right\rfloor & 0 < x < 808 \quad x \in N^* \\[3mm] 10 + 0.4 \times \left\lfloor \dfrac{x}{8} \right\rfloor & x \geqslant 808 \quad x \in N^* \end{cases}$$

現在我們來看看更普遍的情況，比如影印，或者縮印的比例是 3:1，而不是之前的 2:1，這時就不得不考慮，能不能寫成一個通用的算式（函數），來避免每次到影印店都得先狂按計算機的麻煩。

用多元函數計算怎麼影印才划算

我們先來尋找一下縮印和影印之間的規律。首先可以認定，影印是按照 1:1 比例進行的縮印，這樣就可以套用之前有關縮印的公式。在數學中，常常會把新事物或未知的問題，轉換為原有事物或已知答案的問題來解決，在微積分這種高等數學裡，這種轉化的思考模式尤為重要。讓我們回到一開始的式子：

$$\text{收費紙張數} = \left\lfloor \frac{\text{原有頁數}}{8} \right\rfloor$$

回憶一下，這個式子裡面的 8 是怎麼計算出來的？前面已經說過，在紙的一面上，如果是按 2:1 比例縮印，可以印刷原書的 4 頁；按照 3:1 比例縮印，就可以印刷原書的 9 頁。但如果是影印，也就是按照 1:1 比例來縮印，那麼一面紙上只能印刷 1 頁。因此，一面紙上可以印刷的原書頁數，等於縮印比例的平方，如果為了節約紙張，正反兩面都使用的話，一頁紙上能印的原書頁數，就等於縮印比例的平方再乘以 2。

綜上所述，我們可以把之前的式子改寫為：

$$收費紙張數 = \left| \frac{需印原書頁數}{縮印比例^2 \times 2} \right|$$

根據已有的經驗，不難寫出需影印原書頁數、縮放比例和應付金額三者之間的對應關係。這時候設原有頁數為 x_1，縮印比例為 x_2，它們與應付金額的對應關係寫成 $f(x_1, x_2)$。

這裡要介紹一種新的函數對應關係：多元函數。之前介紹過的函數都是 *f(x)* 和 *g(x)* 的形式，這種只有一個自變數的函數，我們稱其為「一元函數」或「單元函數」。但是因為需影印原書頁數為 x_1，和縮印比例為 x_2 之間沒有對應關係（需影印的原書頁數取決於要縮印什麼內容，而縮印比例則是根據個人需求而主觀決定的），像這樣不只有一個自變數，而且自變數之間彼此獨立、沒有明確數學關係的，我們就稱其為「多元函數」。在一些專業領域裡，像 x_1 和 x_2 這樣的

自變數可以被稱為「自由度」，當有兩個自變數時，稱其自由度為2，有三個自變數時，自由度即為3，以此類推。

　　接下來只需要把原來式子中的 x 替換成 x_1，同時把 8 替換成 $2 \times x_2^2$ 就可以了。原來的一元函數 $g(x)$ 此時應寫成多元函數[1]的形式，即是 $f(x_1, x_2)$，就會得到下列式子：

$$f(x_1, x_2) = \begin{cases} 0.5 \times \left\lfloor \dfrac{x_1}{2 \times x_2^2} \right\rfloor & 0 < \dfrac{x_1}{2 \times x_2^2} < 101 \quad x_1, x_2 \in N^* \\[4mm] 10 + 0.4 \times \left\lfloor \dfrac{x_1}{2 \times x_2^2} \right\rfloor & \dfrac{x_1}{2 \times x_2^2} \geq 101 \quad x_1, x_2 \in N^* \end{cases}$$

　　細心的讀者可能會發現，之前 $0 < x < 808$ 和 $x \geq 808$ 都換成了 $0 < \dfrac{x_1}{2 \times x_2^2} < 101$ 和 $\dfrac{x_1}{2 \times x_2^2} \geq 101$，是因為 $\dfrac{x_1}{2 \times x_2^2}$ 代表應該使用的紙張數。

　　怎麼樣？數學是不是並非想像中那麼可怕？現在我們已經學會了簡單的一元函數和複雜的多元函數，之後的內容主要會圍繞在一元函數，但是在解決其他生活問題時，也經常會用到多元函數。從結繩記事[2]開始，數學便為人類生活帶來了便捷，而生活中的數學，實際上很好玩。

---

❶ 此處的多元函數只有兩個自變數，因此也可以稱為二元函數。
❷ 上古時期人們以繩結計數或記事的方法。

商品陳列就是集合的概念

我們再來舉一個常見的例子：現在的文具琳琅滿目、種類繁多，文具店在陳列商品時，都會按照一定的規律來收納擺放。比如，把所有的筆放在同一個筆筒裡，把筆記本集中堆成一疊，把圓規和尺放在一起。

為了更方便顧客選購，也可以把筆分類：鉛筆根據筆芯的軟硬度不同，放在不同的筆筒裡，自動鉛筆單獨放一個筆筒，鋼筆、簽字筆、油性筆也要放在不同的筆筒，然後再把這些筆筒排列整齊放在一起。筆記本也按照尺寸大小分開疊起來，然後再整齊的放在貨架上。在數學上，這種收納和分類的方法稱為「集合」。

把所有文具放在一起，就會構成一個集合，可以根據自己的喜好，給這個集合取個名字，例如：文具集。文具集這三個字的涵義，就是把文具店裡所有的文具放在一起。我們可以將所有文具簡單的分為筆、本、作圖工具和其他，如果把文具裡所有的筆挑出來，就可以構成一個新的集合，取名為筆集。

顯然，每個集合裡面的內容都是一些有共同特點的事物，因此建立集合的標準之一就是：集合中的事物要有明確的共同點。當然，所謂的共同點只要能自圓其說就可以了，比如也可以把塑膠尺和原子筆放在一個集合中，因為它們都是塑膠製品。而在筆集這個集合中，還可以再細分為鉛筆、鋼筆、原子筆……也就可以對應鉛筆集、鋼筆

集、原子筆集……。

　　對於任意一支筆來說，它都屬於筆。如果使用數學語言來表達時，就會說這支筆是筆集裡的一個元素，所以任意一支筆都可以被稱為「元素」。拿一支 HB 鉛筆來說，就可以說：HB 鉛筆是筆集的一個元素；也可以說：HB 鉛筆屬於筆集。如果用符號表示即為：

$$HB\ 鉛筆 \in 筆集$$

　　當然，HB 鉛筆也屬於鉛筆集，也可以說：HB 鉛筆是鉛筆集的一個元素，用符號表示為：

$$HB\ 鉛筆 \in 鉛筆集$$

　　如果要表示 HB 鉛筆不屬於鋼筆集，也就是 HB 鉛筆不是鋼筆集的一個元素，用符號表示為：

$$HB\ 鉛筆 \notin 鋼筆集$$

　　所有的鉛筆都是筆，但是鉛筆有很多種，筆也有好多種，這時候鉛筆就不能按照元素，而是要按照集合來考慮了。所以，我們認為鉛筆集是筆集的子集❸，其涵義就是：所有的鉛筆都是筆，用符號表示即為：

$$鉛筆集 \subseteq 筆集$$

　　對於文具店來說，一模一樣的商品非常多，如果數量太多，就應

---

❸ 也有「筆集包含鉛筆集」和「鉛筆集包含於筆集」這兩種說法。

該把它們放在倉庫裡，只留樣品放在外面展示。集合也是這樣，集合裡面的元素就相當於樣品，每個集合裡面的元素是不重複的。

有時，某些商品非常暢銷，以至於完售，甚至連樣品都賣出去了，在商家再次訂購之前處於缺貨，也就是「一個都沒有」的狀態，在數學上被稱為「空集」，符號為 ϕ。

在數學上有一個有趣的現象，就是把「什麼都沒有」也當成一種狀態或一個集合，而且任何集合都有可能什麼都沒有，也都包括什麼都沒有。這有點像是「任何數字加上 0 都等於它自己」。所以，空集是任何一個集合的子集。

此外，任何一個集合也應該包括它自己。比如「筆集是筆集的子集」，這看起來很怪異，但其意為「所有筆都是筆」，而這在邏輯上也成立，所以任何一個集合也是它本身的子集。

為了避免表達得不清楚，於是數學家整理出了「真子集」的概念，即是：如果 A 集合屬於 B 集合，而且 A、B 兩個集合不相等，那麼 A 集合就是 B 集合的真子集。再以鉛筆集和筆集為例，因為所有鉛筆都是筆，而鉛筆不能包括所有的筆（因為還有鋼筆、原子筆、記號筆、毛筆……），就會說：鉛筆集是筆集的真子集。用符號表示為：

$$鉛筆集 \subset 筆集$$

需要特別注意的是，在不同的書籍上，使用的符號也不統一，例如也有使用 $\subset$ 表示子集，使用 $\subsetneqq$ 表示真子集的情況。這是因為，不同的數學家或者編者，慣用的符號系統不同。為了嚴謹起見，在證明

時應該先說明自己使用的符號系統 ❹ 。

　　在專業的數學教材中，對於之前學習過的函數是這樣定義的：把定義域和值域看成兩個非空集合，函數是使得定義域集合中的每一個元素，都在值域集合中有唯一一個元素與之對應。我們把這種對應的法則稱為映射。

　　從文具店陳列商品的方法，我們就能夠藉由映射和之前學過的函數，把集合的概念緊密聯繫起來了。原本枯燥乏味的數學，也能夠透過生活中常見的實例，生動具體的展示出來。

即是筆又是塑膠的原子筆，怎麼分類？

　　看過剛才的實例，你也許會有這樣的疑問：原子筆到底屬於筆，還是塑膠製品？生活中還有很多像這樣的問題，比如番茄到底屬於水果還是蔬菜？蔬果汁屬於飲料還是保健食品？

　　這就是我們經常說的「分類交叉」。根據不同的分類標準，一個事物可能同時屬於不同的分類，為了解決分類交叉的情況，可以採用集合來表示。比如，原子筆屬於筆集，且屬於塑膠製品集，那麼用集合符號表示為：

---

❹ 本書所使用的符號系統請參考附錄 1。

原子筆∈筆集

且

原子筆∈塑膠製品集

但是這種表示方法顯然太囉嗦了，不妨引入一個新符號：∩，讀為「交集」❺（簡稱「交」）。它表示「即是這樣，又是那樣」的情況。那麼，上面的原子筆問題就可以寫成：

原子筆∈筆集∩塑膠製品集

再例如市場裡有賣魚、賣肉、賣蔬菜、賣水果，要如何表示市場中的所有商品？這時就再引入一個新的符號：∪，讀為「並集」❻（簡稱「並」）。並集的意思是：不管集合之間的從屬關係，把所有的內容放在一起。就像市場裡的魚、菜、肉等商品，它們雖然屬於不同的攤位，也可能由不同的商家經營，但是它們在同一個市場裡販售。在數學符號就可以這樣表示：

水產品集∪肉集∪蔬菜集∪水果集

是不是很簡單？我們再來看另一種情況：番茄屬於蔬果類，但不屬於肉類，用數學語言就可以寫成：

蔬果集\肉集

這裡又有一個新的符號：\，讀為「差集」（簡稱「差」），用

---

❺ 在機率論和一些其他學科中也被稱為「積」。
❻ 在機率論和一些其他學科中也被稱為「和」。

來表示「屬於這個集合，而不屬於那個集合」的情況。需要注意的是，要把「屬於的集合」寫在符號的左側，把「不屬於的集合」寫在符號的右側。

還有一種情況是，市場裡的攤位都正常營業，但是水果攤因為進貨的緣故，在這一天暫停營業了。按照差集的概念，可以說市場中除了水果攤位，其他都在營業，用符號表示就是：

所有攤位\水果攤位

如果把所有攤位看成一個集合的話，它是包括水果攤位的，根據之前的內容，就可以把這種關係寫成：

水果攤位 ⊂ 所有攤位

當出現這種情況時，我們把所有攤位稱為「全集」。把「所有攤位\水果攤位」寫成「$\overline{水果攤位}$」，稱其為「補集」[7]。

根據前人的大量實踐和嚴謹證明，可以知道集合之間的運算有 4 條基本規律：

1. 交換律：$A \cup B = B \cup A$　$A \cap B = B \cap A$

2. 結合律：$A \cup (B \cup C) = (A \cup B) \cup C$

　　　　　$A \cap (B \cap C) = (A \cap B) \cap C$

3. 分配律：$A \cup (B \cap C) = (A \cup B) \cap (A \cup C)$

---

[7] 也有「餘集」的說法。

$$A \cap (B \cup C)=(A \cap B) \cup (A \cap C)$$

4. 德摩根定律 [8]：$\overline{A \cup B}=\overline{A} \cap \overline{B}$ $\overline{A \cap B}=\overline{A} \cup \overline{B}$

需要特別注意的是，在集合之間的運算法則中，當括弧內外的符號相同時，只有結合律，沒有分配律；而在括弧內外的符號不同時，只有分配律，沒有結合律。

思考題

　　如圖表 1-4 所示，有一圓內嵌正 6x 邊形。其中 $x \in N^*$。請用函數表示 x 與正 6x 邊形與圓半徑平方的比的關係。

圖表1-4

---

❽ 由英國數學家奧古斯塔斯‧德摩根（Augustus De Morgan）提出，也稱為「對偶律」。

數學視野
《莊子‧天下篇》裡的微積分

　　莊子是戰國時代的著名思想家、哲學家、文學家，也是道家學派的代表人物，老子思想的繼承和發展者。他的代表作《莊子‧雜篇‧天下》也被稱為《莊子‧天下篇》。其以「天下」為題，共分 7 段，記錄了先秦諸子百家歷史淵源、來龍去脈，評價主要思想，並且加以批評的總結性的論文。有民國學者考證，此當為戰國時期晚期的莊子後學。

　　在這本書中有記載：一尺之棰，日取其半，萬世不竭。一尺約為 33 公釐，我們不妨找一張 33 公釐的紙條來試試看，如果不斷的把它截短一半，可以截幾次？剩下的紙條長度又趨近於多少？試著寫出一個關於截短次數和剩餘紙條長度的函數式，看看計算的結果和實驗的結果是否一樣。

加油添醋
5 個海盜分金幣，看懂賽局理論

假如有 5 名海盜掠奪到了 100 枚金幣，這時為了公平起見，他們決定按照以下條件來分配：

1. 抽籤決定自己的號碼。

2. 由 1 號提出分配方案，然後大家投票表決，當且僅當超過半數的人同意時，才按照他的提案分配，否則就把他扔入大海餵鯊魚。

3. 假如 1 號死了，再由 2 號提出分配方案，然後 3 人表決，當且僅當超過半數的人同意時，才按照 2 號的提案進行分配，否則也把他扔入大海餵鯊魚。

4. 以此類推，直到得出最終分配方案。

如果你是 1 號海盜，應該提出怎樣的分配方案，以使自己的獲利最大？

提示：每人 20 枚金幣的分配方法雖然公平，但不能保證自己獲利最大，所以想要讓自己獲利最大，就應該讓自己方案的投票結果正好超過一半。

如果一開始就假設有 5 名海盜，這道題目就會無從下手，所以必須簡化問題。

從只有 1 個海盜開始推演

　　假如只有 1 名海盜，那麼他當然希望所有的金幣都是自己的，這屬於不需要分配就可以占為已有的情況。在這種情況下，這名海盜將得到 100 枚金幣。

　　現在把這個模型建得稍微複雜一點。假設有 2 名海盜，如果 1 號海盜給 2 號海盜的金幣少於 100 枚，2 號海盜一定不同意，按照規則，1 號海盜就會被扔去餵鯊魚。對於 2 號海盜來說，此時就回到了之前的簡單模型，即是他可以獨享 100 枚金幣。想到這裡，1 號海盜為了保命，就會選擇把 100 枚金幣全部給 2 號海盜。

　　接著，再把這個模型建得更複雜一點：如果有 3 名海盜，此時 1 號海盜已經知道，如果自己被丟去餵鯊魚，2 號海盜就會代替他進行分配，這就意味著如果 2 號海盜不同意他的分配方法，就一定會為了保命而什麼都得不到。這時候，1 號海盜就會留給自己 99 枚金幣，而給 2 號海盜 1 枚金幣，這樣對 2 號海盜來說，有總比沒有好。

　　也許有人會問，3 號海盜什麼都沒有，一定不同意，但沒關係，因為同意分配的有 1 號和 2 號海盜，已經滿足條件（超過半數的人同意）。所以有 3 名海盜時，1 號海盜得 99 枚金幣，2 號海盜得 1 枚金幣，3 號海盜什麼都得不到，是利益最大的分配方法。

　　然後，我們將模型建得再複雜一點：如果有 4 名海盜，此時 1 號海盜已經知道，如果提出的方案不能得到 3 票贊同的話，就意味著 2

號海盜將取代他的位置，結果就是 2 號海盜得 99 枚金幣，3 號海盜得 1 枚金幣，4 號海盜什麼都得不到。所以，除了自己的一票之外，他還需要 2 票贊同。

如果給 2 號海盜的金幣少於 99 枚，2 號海盜一定會反對，但也不能只有自己和 2 號海盜的贊同票，因為這樣還不能滿足超過半數贊同的條件。此時 1 號海盜只能選擇不分給 2 號海盜任何金幣，而試圖徵得 3 號和 4 號海盜的贊同，也就是只有分配給 3 號海盜 2 枚金幣、4 號海盜 1 枚金幣，才會贏得他們的贊同，如果 3 號和 4 號海盜不贊同他的方案，必然會損失自己的利益。

所以當有 4 名海盜時，1 號海盜會選擇分配給自己 97 枚金幣，2 號海盜不分配，3 號海盜 2 枚金幣，4 號海盜 1 枚金幣，對 1 號海盜的利益最大。

每一次推演都可以套用前一次的結果

最後來考慮有 5 名海盜的情況。這時 1 號海盜已經知道，如果自己的方案不能通過，就意味著 2 號海盜將分配給自己 97 枚金幣，3 號海盜不分配，4 號海盜 2 枚金幣，5 號海盜 1 枚金幣。同樣的道理，1 號海盜放棄拉攏 2 號海盜，而且只要給 3 號海盜 1 枚金幣，3 號海盜就會投贊同票，這時只要從 4 號和 5 號海盜中任選一名支持自己，就可以獲得 3 票了。

　　此時可以選擇給 4 號海盜 3 枚金幣，或者給 5 號海盜 2 枚金幣，但 1 號海盜必然選擇給 5 號海盜 2 枚金幣，因為這樣才能讓自己獲利更多。

　　所以，如果有 5 名海盜按照規則分配金幣時，1 號海盜的最佳分配方案是：給自己 97 枚金幣，2 號海盜和 4 號海盜不給金幣，給 3 號海盜 1 枚金幣，給 5 號海盜 2 枚金幣。

　　這就是數學建立模型中的經典——賽局理論。

第 2 章

斜率是微積分的基礎，
化成火車時刻表就好懂

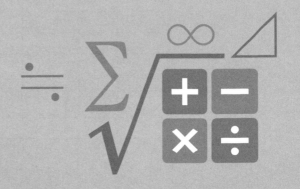

你曾在春節期間回鄉探訪親友嗎？除了滿懷喜悅的心情之外，有沒有思考過火車與春運背後的數學？列車是什麼樣的幾何圖形？怎樣才能更清楚的表述行車路線？在這一章中，讓我們看看一系列有關火車與春運之間有趣的數學問題。

從行車軌跡到函數圖像

假如在春節期間，我們一同乘坐高鐵從北京到上海旅遊，已知該次列車是從北京南站開往上海虹橋站，途中要經過天津南、濟南西、泰安、滕州東、滁州、南京南、丹陽北、蘇州北等站，該次列車的時刻表如圖表 2-1 所示。

圖表2-1 北京—上海時刻表

站次	站名	到達	發車
1	北京南	起站	9：30
2	天津南	10：17	10：19
3	濟南西	11：22	11：38
4	泰安	11：55	11：56
5	滕州東	12：27	12：28
6	滁州	13：49	13：51
7	南京南	14：10	14：14
8	丹陽北	14：39	14：41
9	蘇州北	15：13	15：15
10	上海虹橋	15：41	終站

　　如果轉換成數學語言，該怎麼表示列車的行車時刻表？不妨畫一張圖，如圖表 2-2 所示。

圖表2-2

　　這樣我們就能清楚的表示，列車大約在何時到達每一站了。如果把這張圖畫得再複雜些，就能再表示出像是列車在每站停留多久時間、列車行進時的速度等資訊。我們把站名和時間分別寫在圖表 2-3 中的兩個座標軸上。

圖表2-3

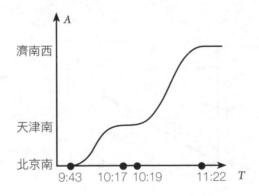

　　像圖表 2-3 這樣規定座標的方法就叫座標系，座標系中，由箭頭和直線組成的射線是座標軸。有兩個相互垂直座標軸的座標系，叫做

平面直角座標系，也叫笛卡爾座標系（Cartesian coordinate system）。

座標軸箭頭旁邊標注的字母是座標軸的名字，A 是取英文單詞 address 的字首，意思為「位址」，在這裡表示站名；T 是取英文單詞 time 的字首，表示時刻。如果懶得幫座標軸取名字，也可以把垂直方向的座標軸稱為縱軸，用小寫字母 y 表示；把水平方向的座標軸稱為橫軸，用小寫字母 x 表示 。

這樣，就很容易在同一張圖上把何時發車、何時到站、停留多長時間這些資訊表示清楚了。但需要特別注意的是，如何從圖中讀出列車行駛的速度。

如圖表 2-4 所示，假如 A、B 兩地相距 5 公里，那麼可以從圖中得知，從 A 地到 B 地，先無論搭乘哪種交通工具，其速度固定為每小時 10 公里，如果用函數來表示的話就是：

圖表2-4

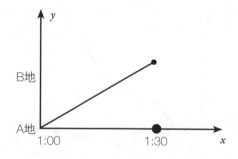

---

❶ 也可用 x 軸、y 軸代替橫軸和縱軸。

$$y = 10(x - 1) \,^{❷}$$

經整理後為：

$$y = 10x - 10$$

　　我們將像 $y=10x\text{-}10$ 這樣的算式稱為「一次函數」，可以抽象的寫成 $y=kx+b$，其中 k 和 b 滿足 $k \in R$（實數）且 $b \in R$。例如，在 $y=10x\text{-}10$ 中，$k=10$，$b=\text{-}10$。這裡的 k 有另一個名字，叫做「斜率」。

　　在路程時間的問題中，斜率等於速度的大小。速度越大，斜率越大，在座標系上畫出來的直線就越陡。

　　有趣的是，在觀察圖表 2-3 時我們會發現，列車出站之後和進站之前的圖形都不是直線，而是曲線。這是因為斜率和線的陡峭程度有關，之前也說過斜率越大，線就越陡峭。因此，在這張圖中，斜率恰好表示的是速度的大小。

　　那麼，對於任意一條直線來說，怎麼求它的斜率？

　　如下頁圖表 2-5 中的一條直線，我們已知直線上有 A、B 兩個點，及它們的位置，就可以找到它們在橫軸 x 和縱軸 y 上所對應的值。利用這個方法，可以得到兩組 x 和 y 的值，把它們代入 $y=kx+b$ 的抽象

---

❷ 這裡的 x 是指以小時為單位的時間，若要以分鐘為單位，則應將其化為 $\frac{x}{3.6}$。

圖表2-5

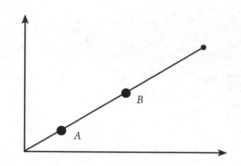

式中，就可以得到 k 和 b 的值。需要注意的是，當 A、B 兩個點在橫軸上的值相等時，代入 $y=kx+b$ 的抽象式後，是求不出 k 的。這時我們認為直線的斜率不存在，或 $y=kx+b$ 不是函數。

明明是把它們代入一個表示函數的抽象式中，怎麼又說它不是函數？我們不妨把這條直線想像成火車的路程時間圖，如果兩個點在橫軸 x 上的值相等，而縱軸 y 上的值不等，這意味著什麼？顯然，此時這條直線垂直於橫軸。既然畫出了一條最陡峭的直線，是不是表示火車正以很快的速度行駛？事實並非如此。

如果在路程時間圖上隨意找兩個點，會發現火車居然在同一時間位於兩個不同的地點，日常生活中顯然不可能發生這種情況。就目前的學術研究而言，宇宙中最快的速度是真空中的光速。但即使是真空中的光速，也無法讓一列火車在同一瞬間出現在兩個不同的地點。所以我們說這時斜率不存在。

那為什麼說 $y=kx+b$ 不是函數？這也用到了函數和映射的性質。一個自變數對應著的應變數，是唯一而且明確的。但一個應變數卻可

以被若干個自變數所對應。如果一條直線垂直於橫軸，也就說明一個自變數對應了多個應變數，這不滿足函數和映射的性質，所以我們就說 $y=kx+b$ 不是函數。

現在我們已經知道，已知兩點可以求出直線的斜率，進而求出路程時間圖裡，列車在行駛時的速度，但是這只對均速運動的列車有意義。對於列車的變速運動，有辦法求出它的瞬間速度嗎？當然有。

我們可以把列車的運動分為變速和均速兩種行駛狀態，對於均速行駛，可以用之前的方法求出列車的瞬間速度，因為當列車均速行駛時，它的瞬間速度就等於平均速度。至於要求出列車在變速行駛中每一時刻的速度，首先要認知，列車的運動是「連續的」。

在真實情況下，列車不可能在從北京開往天津的途中，一下子跳到徐州站，而且對於大多數物體的常規運動，都可以認為它的路程時間圖像是連續的。因為只有在圖像是連續時，才有可能用下面的方法求出它在任意時刻的瞬間速度。

既然根據圖表 2-5 能夠求出一個和圖像吻合的函數，那麼對於像下頁圖表 2-6 這種不規則曲線，也一定能求出一個和它吻合的函數。找出能與曲線吻合的函數的過程叫做「擬合」，我們將在第 5 章介紹這個概念。

既然已經知道 $f(x)$ 的圖像，該怎麼求火車的瞬間速度？可以把這一過程理解為：求火車在一瞬間走過的距離。

在極短的時間內，物體的速度會被視為沒有改變，用物理學家的

圖表2-6

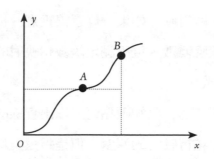

話來說就是：「在如此短的時間之內，速度來不及產生可以被觀察到的變化。」所以我們就認為，在某一小段時間內，火車是在均速直線運動。

而這「一小段時間」，要用一種新的符號來表示：$\lim\limits_{time \to 0}$。這裡的 time 是時間的意思，如果不習慣用英文表示，也可以寫成：$\lim\limits_{時間 \to 0}$。而在這個符號中，lim 是取極限的意思，$time \to 0$（時間→ 0）是指時間趨近於 0。因為一瞬間就很接近於 0，但又不是 0，所以數學家就特別發明這種符號，來表示「非常類似、逐步趨近，但又並不相同」的數量概念。

綜上所述，首先我們知道，時刻和火車行進的關係（映射）是 f(x)，接下來又知道，火車在一瞬間是在均速直線運動。如果這一瞬間開始計時的時刻是 x_0，且停止計時的時刻是 x，我們就得到了「一瞬間」的另一種表示方式：$x - x_0$。既然「一瞬間」可以用 $\lim\limits_{time \to 0}$ 表示，而且這裡的 time 就是 $x - x_0$，為什麼不用 $\lim\limits_{x - x_0 \to 0}$ 來表示？當然可以，而且還可以用更簡明扼要的表示方式：$\lim\limits_{x \to x_0}$ ❸ 。

　　物體在均速直線運動時，任意時刻的瞬間速度是距離 ÷ 時間，或 $\frac{距離}{時間}$。而在變速運動過程中，某一物體的瞬間速度，則可以寫成把它寫成 $\lim\limits_{x \to x_0} \frac{f(x) - f(x_0)}{x - x_0}$。

　　為了簡化後續的計算，我們整理一下 $\lim\limits_{x \to x_0} \frac{f(x) - f(x_0)}{x - x_0}$ 這個式子，用 $\triangle x$ 表示 $x - x_0$，於是 $\lim\limits_{x \to x_0}$ 就可以寫成 $\lim\limits_{\triangle x \to 0}$。

　　同樣的，x 也可以表示成 $x_0 + \triangle x$，於是 $f(x) = f(x_0 + \triangle x)$。則有 $\lim\limits_{x \to x_0} \frac{f(x) - f(x_0)}{x - x_0} = \lim\limits_{\triangle x \to 0} \frac{f(x_0 + \triangle x) - f(x_0)}{\triangle x}$。

　　但是這樣寫似乎並沒有簡化太多，所以又產生了一種新的符號——$f'(x_0)$，令 $f'(x_0) = \lim\limits_{\triangle x \to 0} \frac{f(x_0 + \triangle x) - f(x_0)}{\triangle x}$。這樣一來，不僅書寫的內容少了許多，而且 $f'(x_0)$ 永遠有 $\triangle x \to 0$，這樣就不用每次都得考慮「到底是誰趨近於誰」，從而節省了一個變數。這顯然能提高解決問題的效率，就是數學中常說的「導數」。

　　關於為什麼用在函數映射符號上加一撇來表示導數，還有一個有趣的故事。眾所周知，微積分是由牛頓和萊布尼茲所創立的數學分支，一開始牛頓是用 $\dot{f}$ 這種在字母上加一點來表示導數，但後來人們發現，這種表示方法並不方便，且在手稿中非常難辨認。而今天所使用的、大多數表示微積分的數學符號，都是牛頓的好友——萊布尼茲發明的。

---

❸ 在數學上，如果兩個值的差趨近於 0，就會認為它們非常接近，所以也可表示為一個數（變數）趨近於另一個數（變數）。

57

　　但是萊布尼茲的導數符號是 $\dfrac{\mathrm{d}y}{\mathrm{d}x}$，而非一撇。$\dfrac{\mathrm{d}y}{\mathrm{d}x}$ 這種表達形式出現在很多文獻中。在 1706 年之前，也有一些科學家，比如對機率論貢獻極大的瑞士數學家丹尼爾・伯努利（Daniel Bernoulli）就曾經用大寫字母 D 表示導數，而這種表示方式也不是很方便。

　　到了 1797 年，義大利數學家約瑟夫・拉格朗日（Joseph Lagrange）覺得，萊布尼茲表示導數的方法還是太麻煩了，可能是因為萊布尼茲的符號，很難直接表示出到底是哪個函數在運算導數，所以拉格朗日就用在函數上加一撇來表示導數。而拉格朗日和萊布尼茲的導數符號都沿用至今。

　　言歸正傳，如果一列火車與起站之間的距離是 $f(x)$，那麼這列火車在任意時刻的瞬間速度便是 $f'(x)$。

函數圖像和火車頭一樣，都是對稱的

　　右頁圖表 2-7 是一列火車頭的照片和它的正面示意圖。將火車的正面示意圖從中間對折後，其左右兩側能夠相互重合。如果將一個圖形沿一條直線折疊，直線兩旁部分能夠互相重合，我們稱其為「軸對稱❹圖形」，那條直線則被稱為「對稱軸」。正方形、長方形❺、

---

❹ 也稱為線對稱。
❺ 正方形和長方形統稱矩形。

圖表2-7

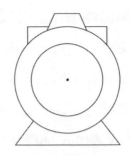

圓形和橢圓形都是軸對稱圖形，它們至少有一條對稱軸，像圓這樣的圖形則有無數條對稱軸。

　　圖表 2-8 中的圖形是菱形 ❻，右圖中可以看到它的兩條對稱軸。如果將其旋轉 180 度，會發現它與旋轉前完全重合。像這樣將圖形以某一個點為中心旋轉 180 度，如果旋轉後的圖形能與旋轉之前重合，該圖形即為「中心對稱圖形」，而那個點就是「對稱中心」。在一個中心對稱圖形中，對稱軸都會經過對稱中心，並且被對稱中心平分。

圖表2-8

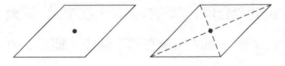

---

❻ 菱形是一種特殊的平行四邊形，它的四個邊均相等。而一般的平行四邊形只有對邊相等。

　　之前已經介紹過，函數是有圖像的。那麼，這些圖像是否也具有對稱或翻轉的性質？答案是肯定的。比如， $y=x^2$ 和 $y=x^3$ 這兩個函數的圖像都是對稱的，如圖表 2-9 所示。我們將像 $y=x^2$ 這樣，圖像以 y 軸對稱的函數稱為「偶函數」；而將像 $y=x^3$ 這樣，圖像以座標原點為中心對稱的函數稱為「奇函數」。在後續章節中，會經常利用對稱性來簡化複雜的計算。

圖表2-9

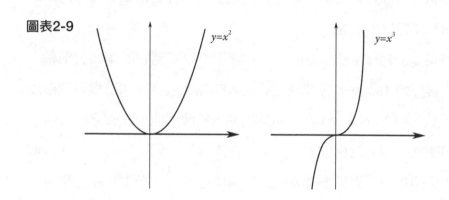

　　仔細觀察後就會發現，對函數來說，在橫軸（ x 軸）負半軸一側的圖像，和在正半軸一側的圖像有如下關係（假設 $x>0$ ）：

　　偶函數： $f(-x)=f(x)$

　　奇函數： $f(-x)=-f(x)$

　　換句話說，如果有一個函數的圖像是以縱軸對稱，那麼就可以利用 $f(-x)=f(x)$ 來表示。同樣的，如果函數的圖形是以原點對稱，便可以用 $f(-x)=-f(x)$ 來表示。

數列的極限

眾所周知，數列❼是指一列有規律的數字，數列中的每一個數字都叫做這個數列的「項」。如果能夠寫出某一數列全部的項，就稱它為「有窮數列」；相對的，如果不能窮盡某一數列所有的項，就稱其為「無窮數列」。

在高等數學的概念中，數列可以被視為自變數為正整數 n 的函數。這裡我們要討論的，就是一種無窮數列的極端情況——一個無窮數列無節制的向下發展，結果會是什麼？

探討極限的巴塞爾問題

義大利數學家孟哥里（Pietro Mengoli）在 1644 年提出巴塞爾問題，問題的內容是：有一個數列的首項是 1，之後每一項都是該項平方的倒數，也就是第 n 項的值是 $\dfrac{1}{n^2}$，那麼當 n 趨近於無窮時，該數列的前 n 項和 S_n 等於多少？

這個問題在 1735 年被瑞士數學家尤拉（Leonard Euler）解決，當

---

❼ 在某些中小學生的教材中，約定數列中的項只能是正整數。但這一約定在高等數學和微積分領域並不適用。在高等數學（包括但不僅限於微積分）領域中，數列的概念是指：如果按照某一法則，對每個 $n \in N^*$，對應著一個確定的實數 x_n，按照下標 n 從小到大排列得到的一個序列。有的書籍的符號系統中，數列用 $\{x_n\}$ 來表示。

時他只有 28 歲。現在我們不妨也來計算一下：

$$S_1 = 1$$

$$S_2 = 1 + \frac{1}{4} = 1.25$$

$$S_3 = 1 + \frac{1}{4} + \frac{1}{9} \approx 1.361$$

$$S_4 = 1 + \frac{1}{4} + \frac{1}{9} + \frac{1}{16} \approx 1.42361$$

$$S_4 = 1 + \frac{1}{4} + \frac{1}{9} + \frac{1}{16} + \frac{1}{25} \approx 1.46361$$

······

　　如果你一直算下去，會發現這個數值將趨近於 1.644934······恰好是 $\frac{\pi^2}{6}$。幾乎沒有人可以預料到 $1 + \frac{1}{4} + \frac{1}{9} + \frac{1}{16} + \frac{1}{25} + \cdots + \frac{1}{n^2}$ 和圓周率 π 之間會有什麼聯繫，但是數學中的巧合就是如此神奇。這個有趣的現象就是巴塞爾問題的答案。由於巴塞爾問題的結論出人意料，有人稱其為「十大反直覺的數學結論」之一。

兩個重要極限之一

　　有一個數列 $\left\{ \left(1 + \frac{1}{n} \right)^n \right\}$ 是一個無窮數列，因為無法窮盡它的所有項。換句話說，滿足 $n \in N^*$ 的所有 $\left(1 + \frac{1}{n} \right)^n$ 都是合理的。在這個數列中，首項 a_1 的值為 2。計算其他各項的值可得：

$$a_1 = \left(1 + \frac{1}{1}\right)^1 = 2$$

$$a_2 = \left(1 + \frac{1}{2}\right)^2 = 2.25$$

$$a_3 = \left(1 + \frac{1}{3}\right)^3 \approx 2.37$$

$$a_4 = \left(1 + \frac{1}{4}\right)^4 \approx 2.44$$

$$a_5 = \left(1 + \frac{1}{5}\right)^5 = 2.48832$$

……

　　實際上如果不停算下去，項的值無限接近於 2.7182818284590452

35360287471352662497757247093699959574966967627724076630353 5

47594571382178525166 4274……

　　那麼當 $n \to \infty$ 時，數列的這一項應該得多少？因為我們不可能無

休止的計算下去，牛頓便給了一個簡化計算的方法，即是「牛頓二項

公式」。

$$
\begin{aligned}
a_n &= \left(1 + \frac{1}{n}\right)^n \\
&= 1 + \frac{n}{1!} \cdot \frac{1}{n} + \frac{n(n-1)}{2!} \cdot \frac{1}{n^2} + \cdots + \frac{n(n-1)\cdots(n-n+1)}{n!} \cdot \frac{1}{n^n} \ ❽ \\
&= 1 + 1 + \frac{1}{2!}\left(1 - \frac{1}{n}\right) + \cdots + \frac{1}{n!}\left(1 - \frac{1}{n}\right)\left(1 - \frac{2}{n}\right)\cdots\left(1 - \frac{n-1}{n}\right)
\end{aligned}
$$

---

❽ n! 表示 1×2×3×⋯×n。

有些學者認為：

$$1+1+\frac{1}{2!}\left(1-\frac{1}{n}\right)+\cdots+\frac{1}{n!}\left(1-\frac{1}{n}\right)\left(1-\frac{2}{n}\right)\cdots\left(1-\frac{n-1}{n}\right)$$

$$=\frac{1}{0!}+\frac{1}{1!}+\frac{1}{2!}+\cdots+\frac{1}{n!} \quad ❾$$

理由是 $1+1+\frac{1}{2!}\left(1-\frac{1}{n}\right)+\cdots+\frac{1}{n!}\left(1-\frac{1}{n}\right)\left(1-\frac{2}{n}\right)\cdots\left(1-\frac{n-1}{n}\right)$ 和 $\frac{1}{0!}+\frac{1}{1!}+\frac{1}{2!}+\cdots+\frac{1}{n!}$ 都可以被認為是自然常數 e 的值。但我認為：

$$1+1+\frac{1}{2!}\left(1-\frac{1}{n}\right)+\cdots+\frac{1}{n!}\left(1-\frac{1}{n}\right)\left(1-\frac{2}{n}\right)\cdots$$

$$\left(1-\frac{n-1}{n}\right)<\frac{1}{0!}+\frac{1}{1!}+\frac{1}{2!}+\cdots+\frac{1}{n!}$$

因為 n 取正整數時，總有 $\frac{1}{2!}\left(1-\frac{1}{n}\right)<\frac{1}{2!}$ 同樣就有 $\frac{1}{3!}\left(1-\frac{1}{n}\right)$ $\left(1-\frac{2}{n}\right)<\frac{1}{3!}$ ……也就是說，當 n 取正整數時 $\frac{1}{n!}\left(1-\frac{1}{n}\right)\left(1-\frac{2}{n}\right)\cdots$ $\left(1-\frac{n-1}{n}\right)<\frac{1}{n!}$ 恆成立。

因為當 n 趨近於無窮大時，我們算不出來 $1+1+\frac{1}{2!}\left(1-\frac{1}{n}\right)+\cdots+$ $\frac{1}{n!}\left(1-\frac{1}{n}\right)\left(1-\frac{2}{n}\right)\cdots\left(1-\frac{n-1}{n}\right)$ 的具體值，所以就用字母 e 來表示這一

---

❾ 規定 $0!=1$。

常量。

　　常量 e 被稱為「自然常數」或「常數」，也叫「尤拉數」。關於為什麼選用字母 e，也有一些爭議。它實際上是因為蘇格蘭數學家約翰・納皮爾（John Napier）引進對數才被發現的。納皮爾在 1618 年出版的對數著作，附錄中有一張自然對數表，而這張對數表實際上是由英國數學家威廉・奧特雷德（William Oughtred）製作。另外也有人認為，e 是源自於指數的英文 exponential 的字首。

兩個無窮小怎麼比大小？

　　在介紹另一個重要極限之前，我們先來了解一下什麼叫無窮小。

　　無窮小並非無窮大（∞）的相反數。按照之前取極限的說法，當 $x \to 0$ 時，x、x^3 和 $\sin x$ 等函數的值都是無窮小。有一種不嚴謹的說法是：可以把無窮大的倒數理解為無窮小。這種說法源自於 $\lim\limits_{x \to \infty} \dfrac{1}{x} = 0$。對於這種不嚴謹的說法，很容易就能找出一個反例：

　　假如我們設了一個變數是無窮大，那麼它的平方是不是就等於它自己？

　　如果假設 $x^2 = \infty$，就可以推導出 $x = x^2$。可是，如果要使 $x = x^2$ 成立，x 應等於 1 或 0，而 1 和 0 都不是無窮大。由此可以推出之前的假設不成立。此時我們發現，雖然 x 和 x^2 都是無窮大，但是它們不相等。而相同的情況也出現在無窮小。

前面說過，當 $x \to 0$ 時，x、x^3 和 $\sin x$ 等函數的值都是無窮小，而且無窮大之間不相等的情況也會出現在無窮小。既然無窮小不相等，那麼它們之間有沒有大小關係？換句話說，兩個無窮小之間，能不能比較出大小？❿ 我們用 $\lim\limits_{x \to 0} x$、$\lim\limits_{x \to 0} x^3$ 和 $\lim\limits_{x \to 0} \sin x$ 分別表示當 $x \to 0$ 時的 x、x^3 和 $\sin x$。當需要比較兩數值大小時，常用的方法為兩數相減和兩數相除，這裡我們選擇兩數相除的方法。

先來比較 $\lim\limits_{x \to 0} x$ 和 $\lim\limits_{x \to 0} x^3$：

欲比較 $\lim\limits_{x \to 0} x$ 和 $\lim\limits_{x \to 0} x^3$ 的大小，只要將兩數相除。則有 $\lim\limits_{x \to 0} \dfrac{x}{x^3} = \lim\limits_{x \to 0} \dfrac{x}{x^3}$ $\lim\limits_{x \to 0} \dfrac{1}{x^2} = \infty$。

由上可知，$\lim\limits_{x \to 0} x$ 是 $\lim\limits_{x \to 0} x^3$ 的低階無窮小。而比較無窮小之間大小的方法總結如下：

當 $\lim \dfrac{\beta}{\alpha} = 0$ 時，β 是 α 的高階無窮小；當 $\lim \dfrac{\beta}{\alpha} = \infty$ 時，β 是 α 的低階無窮小；當 $\lim \dfrac{\beta}{\alpha}$ 等於非 0 常數時，β 是 α 的同階無窮小。比較特殊的是，當 $\lim \dfrac{\beta}{\alpha} = 1$ 時，β 是 α 的等價無窮小。

兩個重要極限之二

下面我們會仿照上面的例子來比較 $\lim\limits_{x \to 0} x$ 和 $\lim\limits_{x \to 0} \sin x$ 的大小。

---

❿ 這裡的無窮小可以比較大小。數學中也存在只能比較是否相等，而不能比較大小的情況，例如虛數。由於本書主要介紹微積分，所以不多贅述。

　　有一種不嚴謹但易於理解的說法是：函數 $y=\sin x$ 和 $y=x$ 在 $x\to0$ 時非常接近，所以它們是等價無窮小，也可以寫成 $\lim\limits_{x\to0}\sin x=1$。其不嚴謹之處就在於，很難證明 $y=\sin x$ 和 $y=x$ 函數在 $x\to0$ 時非常接近。

　　而較為嚴謹的證明過程，應參照圖表 2-10 來進行。

圖表2-10

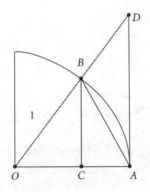

　　圖中可以看出，$\angle BOA$ 小於 90 度。我們過去學到的，形成 90 度的表示方法叫做「角度制」。角度制是指將一個圓周等分成 360 份，每一份便被稱為 1 度的角。這種表示方法有個不可避免的缺點，就是難以和圓的相關公式更直接的產生關聯，於是有了「弧度制」[11]。弧度制是指，以角的頂點為圓心，畫一個半徑為 1 的圓。以角所對應的弧長表示角大小的單位制。

---

[11] 在弧度制中，90 度被表示為 $\frac{\pi}{2}$，但由於大量的相關公式中，都會使用到類似 180 度或 360 度等常量，所以使用弧度制表示為 π 或者 2π 更為便利。

在上頁圖中，存在 $S_{\triangle AOB}<S_{扇形\,AOB}<S_{\triangle AOD}$ ，這裡 S 表示某一圖形的面積。

根據計算❷，我們可以用 $\frac{\sin x}{2}$ 表示 $S_{\triangle AOB}$。同理，我們分別用 $\frac{x}{2}$ 和 $\frac{\tan x}{2}$ 表示 $S_{扇形\,AOB}$ 和 $S_{\triangle AOB}$。

所以，可以把 $S_{\triangle AOB}<S_{扇形\,AOB}<S_{\triangle AOD}$ 寫成 $\frac{\sin x}{2}<\frac{x}{2}<\frac{\tan x}{2}$ ，消去分母後，該不等式變為：

$$\sin x < x < \tan x$$

之後只要為不等式各項都除以一個 $\sin x$，即可得到：

$$1 < \frac{x}{\sin x} < \frac{1}{\cos x}$$

經整理後，有：

$$\cos x < \frac{\sin x}{x} < 1$$

一些讀者可能會疑惑為什麼要這樣整理，有一種解釋是，因為 $\cos x$ 寫起來比較好看，但這種說法缺乏嚴謹性和說服力。另一種解

---

❷ 這裡需要有一定程度的三角函數計算概念。

釋較為複雜，簡而言之是因為 $\cos x$ 和 $\dfrac{1}{\cos x}$ 都是偶函數，所以不需要考慮 x 是正數還是負數。

　　根據 $\cos x$ 的函數圖像可知 $\lim\limits_{x \to 0} \cos x = 1$。既然當 $x \to 0$ 時 $\dfrac{\sin x}{x}$ 的取值範圍是從 $\cos x$ 到 1，就可以說 $\lim\limits_{x \to 0} \dfrac{\sin x}{x} = 1$。這就是另一個重要極限。當然也可以通過觀察圖表 2-11，即 $f(x) = \dfrac{\sin x}{x}$ 的函數圖像得知這一點。

圖表2-11

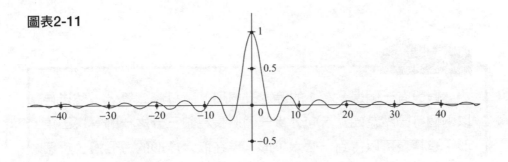

　　也許有讀者要問，既然可以通過函數圖像得知，為什麼一定要採用大段的證明？這是因為，這些理論被提出的時代還沒有電腦，更不要說能夠自動生成函數圖像的軟體，如果想重現不借助函數圖像的證明方法，就必須要證明 $\lim\limits_{x \to 0} \cos x = 1$，相關的內容我們會留到第 3 章再說明。

極限是微積分最重要的基礎

　　在學校，老師會告訴你：大部分求極限的題目中，都可以視為考

察重要極限公式。日本十九世紀著名數學教育家米山國藏說過：「作為知識的數學，出校門不到幾年可能就忘了，唯有深深銘記在頭腦中的數學精髓、思考方式和著眼點等，才會隨時隨地發生作用，使人們終身受益。」

　　兩個重要極限在微積分思想中有舉足輕重的地位，對深入了解極限理論具有決定性的指導意義。

思考題

　　假設有一個邊長為 1 的等邊三角形，將每條二等分，然後再以兩個等分點為端點，向外畫一個邊長為其三分之一的等邊三角形，這樣便可以得到一個六角形。現在取六角形的每個邊，反覆做同樣的變換，如圖表 2-12 所示。

圖表2-12

　　當重複這樣操作無數次之後，深灰色部分的面積是如何變化？這樣的變化會停止嗎？如果會停止，該區域最終會變成什麼樣子？如果不會停止，它又會以什麼樣的趨勢發展下去？

加油添醋
童話裡的數學模型

　　有若干個巫婆和一個公主共同居住在一個小島上。如果有巫婆吃掉公主，這個巫婆就會變成公主，但她同時也會失去法術，並且有可能被其他巫婆吃掉。假如所有巫婆都希望能變成公主，也都能夠保命，那麼在有 20 個巫婆的情況下，公主能不能安全的活在島上？

　　提示：和第 1 章中提到的海盜問題一樣，我們還是來建立一個比較簡單的模型，然後慢慢將其複雜化，這樣就可以知道答案了。

從只有一個巫婆開始推演

　　假如只有一個巫婆和公主生活在島上，那麼巫婆肯定會吃掉公主。因為她知道吃掉公主、失去法術之後，也沒有人能威脅她了。

　　如果有兩個巫婆和公主一同生活在島上，公主安全嗎？答案是肯定的。因為公主被吃掉之後，就會變成一個公主和一個巫婆的情況，那麼先吃掉公主的巫婆，就會被另一個巫婆吃掉。為了保命，兩個巫婆都不敢去吃公主，所以公主會是安全的。

　　接下來再讓模型複雜一點。如果有三個巫婆，她們之中肯定會有

人先吃掉公主。因為這樣就變回了上一段中的情況，剩下兩個巫婆誰也不敢吃她，因為先吃她的巫婆肯定會被另一個吃掉。

然後再讓模型更複雜一點，當有四個巫婆時，如果有誰先吃了公主，那麼馬上就會變成三個巫婆的情況，這時誰也不敢先吃公主，所以公主是安全的。

根據這樣的規律，當島上有奇數個巫婆時，就會有巫婆先下手為強吃掉公主；當島上的巫婆是偶數個時，所有巫婆都不敢先吃公主，以避免變為奇數個巫婆後自己會被吃掉。

由此我們就得出了這樣的結論：當島上有偶數個巫婆時，公主是安全的。題目中說島上有 20 個巫婆，而 20 是偶數，所以公主能安全的生活在島上。

數學視野
萊布尼茲的導數符號

哥特佛萊德‧威廉‧萊布尼茲

　　之前說過的導數表示方法，最常見的是拉格朗日的方法。但是，函數求導後得到的導函數（即是求導後的函數）有時需要再次求導，這樣就有了「二階導數」。拉格朗日想出的方法是，在函數的上標位置加兩個撇來表示二階導數。但是還有三階導數、四階導數、五階導數、六階導數，甚至是十幾階或者是二十幾階的導數，萬一遇到求幾百階、幾千階的導數，如果還用畫撇的方法，可能光是畫撇就要花好幾分鐘，甚至個把小時。於是就出現了一種簡化的表示方法，即在函數的上標位置畫一對小括號來表示求導，括弧內的數值則表示求幾階導數。如 $f(x)$ 的五階導數可以寫成 $f^{(5)}(x)$。

　　微積分的另一位發明者萊布尼茲，在科學領域的貢獻分散在各種學術期刊、成千上萬封信件和未發表的手稿中，其中約 4 成為拉丁文、約 3 成為法文、約 1.5 成為德文。截止 2010 年，萊布尼茲的作品還沒有完全收齊。2007 年，哥特佛萊德‧威廉‧萊布尼茲圖書館暨

下薩克森州州立圖書館收藏的萊布尼茨手稿，被收入聯合國教科文組織編寫的世界記憶計畫。

　　萊布尼茲是最早接觸中華文化的歐洲人之一，他從一些曾經到過中國的傳教士那裡接觸到中華文化，應該也曾藉由馬可・波羅（Marco Polo）引起的「東方熱」了解過中華文化。法國漢學大師白晉（原名 Joachim Bouvet）曾向萊布尼茲介紹《周易》[13]和八卦的系統，在萊布尼茲眼中，「陰」與「陽」基本上就是他的二進位[14]的中國版。他曾斷言：「二進位乃是具有世界普遍性、最完美的邏輯語言」。今天在德國圖林根著名的郭塔王宮圖書館內，仍保存一份萊氏的手稿，標題寫著：「1 與 0，一切數字的神奇淵源。」

　　萊布尼茲一生中最大的貢獻，就要數發明了一套簡單明瞭的微積分符號。但我們為什麼不用他發明的導數符號，而是使用拉格朗日發明的符號？實際上，萊布尼茲發明的符號系統，非常廣泛的應用在物理學和醫學等諸多專業領域，在第 10 章就會見到萊布尼茲的符號在醫學領域的應用。不得不說，萊布尼茲發明的符號之所以能夠保留至今，是因為他的符號能最簡明的表示求幾階導、參與求導的是哪一個變數。而且非常清楚的說明了導數實際上是求極限。

---

[13]《易經》是《三易》之一。漢初劉向校書時《三易》仍存，漢後下落不明。《易經》是傳統經典之一，相傳為周文王姬昌所作，包括《經》和《傳》兩部分。《經》主要是 64 卦和 384 爻，卦和爻各有說明（卦辭、爻辭），作為占卜之用；《傳》包含解釋卦辭和爻辭的 7 種文辭共 10 篇，統稱《十翼》。

[14] 二進位是計算技術中廣泛採用的一種數制，用 0 和 1 兩個數字來表示，基數為 2，進位規則是「逢 2 進 1」，借位規則是「借 1 當 2」。電腦系統使用的基本上是二進位系統，資料在電腦中主要以補數形式儲存。

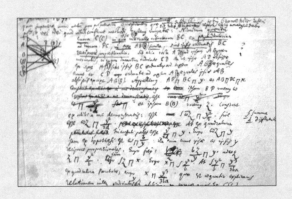

萊布尼茲的手稿，上面有他自己發明的微積分符號。

比如為第 1 章涉及的多元函數求導時，就會有到底是 x_1 還是 x_2 參與求導的問題。即使兩個自變數都要求導[15]，它們之間也有先後順序。這時候就不再適用拉格朗日的方法了，一般會選擇使用萊布尼茨的表示方法。

我們知道在橫縱座標都去極限的情況下，導數所表示的是非常小的直線段，導數的值恰好是該線段的垂直距離比上水平距離，而這正是一次函數 $y=kx+b$ 中斜率 k 的求法。所以導數也被認為是曲線上的點的斜率。如果曲線上某點的斜率不存在，我們就可以認為其導數不存在。

現在我們可以直接從導數的表達形式看出，導數的集合意義是斜率，這是萊布尼茲表示方法的另一個優點。

---

[15] 多元函數求導稱為「求偏導數」，求偏導數時英文字母 d 要換成希臘字母表示偏導。本書少有涉及這部分內容，故不贅述。不過為了方便讀者後續學習，可以暫時認為求偏導數是對所偏的自變數求導，其他自變數按常數處理。

第 3 章

用數學模型推測麵團的大小

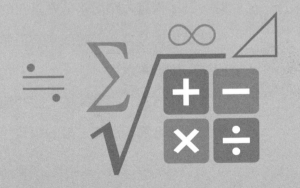

經過第 2 章的學習，我們終於可以說自己也懂微積分了，知道導數的意義，是可以表示運動物體的瞬間速度，或某一圖形在某一點上的斜率。

之後三章的內容都會繼續圍繞著導數，深入了解導數及其相關定理，另外還會運用現實生活中的例子，建立合理的數學模型。

在這一章中，我們會走進廚房，來計算麵團的大小，用揉一個麵團需要用到多少麵粉、多少水，從數學的視角，解釋和麵過程中的科學內涵。

無法直接解決問題時，就建立數學模型

雖然前面兩章是從實際問題出發，不過我們一直都在想像和假設中進行計算或推理，儘管這樣做可以很快理解函數和極限這類抽象的數學概念，但其缺點就是缺乏嚴謹性和說服力。要讓結論更具有說服力，就必須建立數學模型。

數學模型有一點像是拍電影時用的微縮模型，譬如拍攝古裝劇時，為了保護古蹟而不能在真正的古代皇宮拍攝時，劇組就需要建立一個模擬的皇宮。雖說這皇宮是個「冒牌貨」，但只要在視覺效果上沒有差別就可以了。

再比方說，拍攝某些危險的鏡頭時，要請特技演員代替；又或是需要拍攝地震、海嘯之類的災難片時，導演會採用拍攝微縮模型，或

是藉由電腦合成技術營造真實的視覺體驗。

　　在科學研究過程中，也會出現無法直接研究真實事物的情況，比如研究進化論[1]時，我們不可能讓地球上所有生物都退化成單細胞的狀態，當遇到這種棘手問題時，抽象模型就發揮了重要的作用。在數學上，我們建立的抽象模型就叫數學模型[2]。

最常見的建立模型方法──假設演繹法

　　要如何建立數學模型，又該以怎樣的方式研究它？假設演繹法便是一種廣受青睞的方法。雖然這個方法有時會讓人陷入一些看似合理的陷阱，但在歷史上，假設演繹法仍幫大家解決了不少難題，例如奧地利科學家格雷高爾‧孟德爾（Gregor Mendel）[3]的遺傳因子理論。下頁圖表 3-1 即是假設演繹法的一般步驟。

---

[1] 生物生存規律和發展方向的理論，和神創論等觀點對立。
[2] 數學模型的歷史，可以追溯到人類開始使用數字的時代。隨著數字的廣泛使用，人類不斷建立各式各樣的數學模型，來解決層出不窮的實際問題。建立數學模型是聯繫實際問題與數學工具之間的橋樑。
[3] 孟德爾是遺傳學的奠基人，被譽為「現代遺傳學之父」，他透過豌豆實驗，發現遺傳學三大基本規律中的兩個，分別為分離規律及自由組合規律。曾就讀帕拉茨基大學哲學院，主攻古典哲學及物理學，及在維也納大學攻讀數學及自然科學，於 1865 年發現遺傳定律。

圖表3-1　假設演繹法

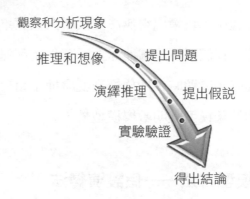

觀察和分析現象
推理和想像　　提出問題
演繹推理　　提出假說
實驗驗證
得出結論

　　假設演繹法的一般步驟可以被歸納為：觀察和分析現象、推理和想像、提出問題、演繹推理、提出假說、實驗驗證和得出結論。也有人將其歸納成更簡單的四步循環，如圖表 3-2 所示。用更科學的說法描述這一過程則是：顯示出實際現象和數學模型的關係。

圖表3-2　四步循環

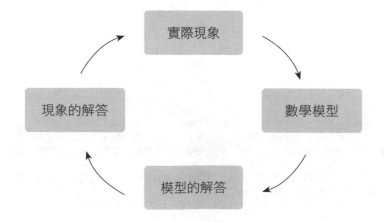

實際現象
數學模型
模型的解答
現象的解答

　　從數學模型的角度來看，這個方法是歸納、抽象實際狀況，所以，數學模型雖然源自於實際，但更為抽象。如果從實際現象來觀察數學模型推演出的解答，就需要經過實際狀況的檢驗，並且再回頭解釋實際現象，因此也有學者將這整個過程歸納為「實踐—理論—實踐的迴圈 ❺ 」。

做研究也講求直覺和運氣

　　無論是研究數學模型還是數學的其他分支，直覺和運氣都是關鍵。在數學研究中，如果一開始的思考方向就和正確方向大相徑庭，那就很難得到正確的結論。當然直覺也不是憑空產生的，需要累積豐富的經驗和知識，並能熟練的多方面思考。

　　研究數學還需要一定的運氣，比如古希臘天文學家克勞狄烏斯·托勒密（Claudius Ptolemaeus）就是因為運氣欠佳，才會提出錯誤的學說——地心說。根據他的理論，地球處於宇宙中心恆定靜止的位置，從地球向外依次有月球、水星、金星、太陽、火星、木星和土星等，並且都在各自的軌道上繞著地球運動。

---

❺ 該說法引自中國高等教育出版社出版的《數學模型（第四版）》一書，原文是：「一方面，數學模型是將現象加以歸納、抽象的產物，它源於現實，又高於現實；另一方面，只有當數學建模的結論經受住現實物件的檢驗時，才可以用來指導實際，完成實踐—理論—實踐這一迴圈。」

在今天看來，這樣的觀點排除其歷史價值❻之外，顯然滑稽可笑，但是在科學研究水準和條件有限的情況下，這樣現在能夠被輕易推翻的理論，在當時卻是學術的權威。類似的例子也曾出現在牛頓、湯瑪斯・愛迪生（Thomas Alva Edison）這樣的大科學家和發明家身上。我們不禁感嘆，如果他們的運氣再稍微好一點，這世界不知道還會更先進多少！所以，對於研究數學和科學的人來說，「運氣也是實力的一部分」一點都沒錯。

建立模型時，先忽略會造成影響的變數

在現實世界中，絕大多數的現象都存在隨機性、動態性以及非線性❼的特質。這裡為了研究方便，我們只取比較容易被觀察和控制的屬性，來研究特定現象，實際上就是簡化和抽象該現象。譬如，不考慮麵團內酵母的品質對麵團大小的影響。

我們簡單的認為，麵團的體積 v 和麵團的重量 m 之間存在 $v = \dfrac{m}{\rho}$，如果把它改寫成一次函數的形式，即為 $v=km+b$。在這個算式中，

---

❻ 儘管托勒密把地球當作宇宙中心的觀點已被推翻，然而地心說卻是世界上第一個成熟的行星體系模型。從地心說開始，越來越多人接受地球是近似球形的天體，而不是一個平面的觀點，此外，地心說還明確區分行星和恆星，開啟人類有系統的認識宇宙和天體的運行規律。

❼ 線性模型是模型的基本關係之一，第 10 章的微分方程式就要考慮其是否為線性微分方程式。在此，大家只需要知道這是一種數學模型的基本關係即可。

$k = \dfrac{1}{\rho}$ [8] 也可以寫成 $k = \rho^{-1}$。另外，當麵團沒有重量時就是不存在，也就沒有體積，因此當 $m=0$ 時 $b=0$。

如果把麵團視為圓球形，那麼就有 $v = \dfrac{4}{3}\pi r^3$，但實際上，麵團並不是絕對的圓球形，只是姑且認為每個麵團的形狀都相似，但又和圓球形有一些差別，所以應用 k 來表示其係數 [9]。

為了避免混淆，我們使用 k_1 和 k_2 以示區別，這樣就有 $v = k_1 m$、$v = k_2 r^3$，進而推出 $k_1 m = k_2 r^3$。近似圓球形的物體，顯然可以用它的近似半徑 [10] 來表示其大小，也就是說存在 $r^3 = \dfrac{k_1}{k_2} m$。進一步計算可以得到：$r = \sqrt[3]{\dfrac{k_1}{k_2} m}$。

因為 $\sqrt[3]{\dfrac{k_1}{k_2}}$ 可以被視為一個新的係數，則有 $r = k \sqrt[3]{m}$，要特別說明的是，在手寫時，常難以區別 3 到底是 k 的上角標，還是指 $\sqrt[3]{}$，即使明確說明了這裡是 $\sqrt[3]{}$ 的意思，仍然會給後續計算帶來不必要的麻煩。所以我們可以把 $r = k \sqrt[3]{m}$ 寫成 $r = km^{\frac{1}{3}}$，這樣就不容易再被混淆了。

下頁圖表 3-4 是 $r = km^{\frac{1}{3}}$ 的示意圖和局部放大圖，由於是示意圖，所以沒有標出單位長度。從圖表中可以看到，在一開始時曲線斜率變化較大，但接下來卻趨於平緩，這和我們在和麵時，一開始加少

---

[8] ρ 代表密度，表示重量與體積的比值。實際上，麵團的密度並不是一個確定的值，但是為了簡化模型，所以姑且認為它是一個確定的值。
[9] 係數通常是指變數，或字母前的常數，這裡是指 $\dfrac{4}{3}\pi$。
[10] 這裡說的「近似半徑」，是因為麵團為「近似圓球形」。

量的麵粉，麵團體積的變化較為明顯，而當麵團的大小達到臨界值時，再加入少量的麵粉，其體積變化則並不明顯，甚至用肉眼都觀察不到。這時我們就說它的斜率逐漸趨近於 0，但永遠不為 0。

　　不過需要注意的是，這裡的斜率並不是 k，而是 r'。利用之前學過的導數和求極限的知識，可知 $r' = \dfrac{k}{3} m^{-\frac{2}{3}}$，圖表 3-5 就是它的示意圖，可以看出其斜率的確是趨近於 0。

圖表3-4 $r = km^{\frac{1}{3}}$ **的示意圖**

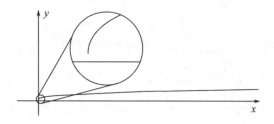

圖表3-5 $r' = \dfrac{k}{3} m^{-\frac{2}{3}}$ **的示意圖**

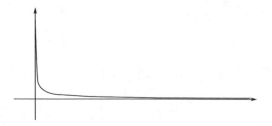

16 個主要導數公式及推導範例

由於每次都需要透過求極限才能算出導數，非常麻煩，所以就有人發明了一套更為簡便的方法。實際上前文中的 $r' = \dfrac{k}{3} m^{-\frac{2}{3}}$ 也不是用求極限的方法求出來的，而是用現在要介紹的方法——導數公式。

導數公式的推導過程較為枯燥無趣，這裡我們就走「拿現成的來用」的捷徑，主要的導數公式推導過程都在附錄 2，有興趣的人可以自行查閱。但附錄 2 中只有一部分導數公式的推導，因為其他的導數公式，都可以根據後文所述的導數運算的法則相互轉換。

1. $(C)' = 0$（C 是常數）

2. $(x^n)' = nx^{n-1}$

3. $(\sin x)' = \cos x$

4. $(\cos x)' = -\sin x$

5. $(\tan x)' - \sec^2$ ❶

6. $(\cot x)' = -\csc^2 x$

7. $(\sec x)' = \sec x \tan x$

8. $(\csc x)' = -\csc x \cot x$

---

❶ 由於有些人習慣的符號系統中沒有 sec、csc、cot 等符號，所以特別說明：$\sec x = \dfrac{1}{\cos x}$、$\csc x = \dfrac{1}{\sin x}$、$\cot x = \dfrac{1}{\tan x}$。

9. $(a^x)' = a^x \ln a$

10. $(e^x)' = e^x$

11. $(\log_a x)' = \dfrac{1}{x \ln a}$

12. $(\ln x)' = \dfrac{1}{x}$

13. $(\arcsin x)' = \dfrac{1}{\sqrt{1-x^2}}$

14. $(\arccos x)' = -\dfrac{1}{\sqrt{1-x^2}}$

15. $(\arctan x)' = \dfrac{1}{1+x^2}$

16. $(\text{arccot} x)' = -\dfrac{1}{1+x^2}$

這裡我們推導 $f(x) = x^n$ 的導數 $f'(x) = nx^{n-1}$（n 為常數）。

為了簡化公式、方便理解,這裡採用 $\lim\limits_{x \to x_0} \dfrac{f(x) - f(x_0)}{x - x_0}$ 的形式,而不是 $\lim\limits_{\Delta x \to 0} \dfrac{f(x_0 + \Delta x) - f(x_0)}{\Delta x}$ 的形式。

設 $f(x_0) = x_0^n$（n 為常數）

$\therefore$ 有 $f'(x_0) = \lim\limits_{x \to x_0} \dfrac{f(x) - f(x_0)}{x - x_0} = \lim\limits_{x \to x_0} \dfrac{x^n - x_0^n}{x - x_0}$

$= \lim\limits_{x \to x_0} (x^{n-1} + x_0 x^{n-2} + x_0^2 x^{n-3} + \cdots + x_0^{n-2} x + x_0^{n-1})$

$= nx_0^{n-1}$

對於大家來說,可能最難以理解的就是中間這一步,即是為什麼 $\lim\limits_{x \to x_0} \dfrac{x^n - x_0^n}{x - x_0} = \lim\limits_{x \to x_0} (x^{n-1} + x_0 x^{n-2} + x_0^2 x^{n-3} + \cdots + x_0^{n-2} x + x_0^{n-1})$。首先,因為等式兩邊的極限運算子沒有變,所以說明這一步並沒有做極限的運算。那就有 $\dfrac{x^n - x_0^n}{x - x_0} = x^{n-1} + x_0 x^{n-2} + x_0^2 x^{n-3} + \cdots + x_0^{n-2} x + x_0^{n-1}$,想要驗證這樣一個算式,反應快的人可能已經發現,只需要把左邊分母

上的 $x-x_0$ 移到右邊，就可以完成驗證。

現在我們以更科學的方法來檢驗這個等式：

首先，在等式右邊乘以 $x-x_0$，可得：

$$(x^{n-1}+x_0x^{n-2}+x_0^2x^{n-3}+\cdots+x_0^{n-2}x+x_0^{n-1})(x-x_0)$$

把括弧打開，則有：

$$x^{n-1}\cdot(x-x_0)+x_0x^{n-2}\cdot(x-x_0)+x_0^2x^{n-3}\cdot(x-x_0)+\cdots$$
$$+x_0^{n-2}x\cdot(x-x_0)+x_0^{n-1}\cdot(x-x_0)$$

再將括弧打開則有：

$$x^n-x_0x^{n-1}+x_0x^{n-1}-x_0^2x^{n-2}+\cdots$$
$$+x_0^{n-2}x^2-x_0^{n-1}x+x_0^{n-1}x-x_0^n$$

消去中間能夠抵消的項，就有：

$$x^n-x_0^n$$

所以就得到了：

$$(x^{n-1}+x_0x^{n-2}+x_0^2x^{n-3}+\cdots+x_0^{n-2}x+x_0^{n-1})(x-x_0)=x^n-x_0^n$$

如果在等式兩邊同時除以 $x-x_0$，則有：

$$\frac{x^n - x_0^n}{x - x_0} = x^{n-1} + x_0 x^{n-2} + x_0^2 x^{n-3} + \cdots + x_0^{n-2} x + x_0^{n-1}$$

這樣我們就知道這一步是怎麼計算的了，而這實際上是一種計算經驗，當你足夠熟練之後，就可以快速自如的寫出這樣簡單的算式。

導數的運算法則，可以直接套用

如前所述，會出現導數的運算法則，就是為了處理複雜的導數。假設，$u=u(x)$ 和 $v=v(x)$ 都是可導的，導數的運算法則可寫成以下形式：

$$(u \pm v)' = u' \pm v'$$
$$(Cu)' = Cu' \quad (C是常數)$$
$$(uv)' = u'v + uv'$$
$$\left(\frac{u}{v}\right)' = \frac{u'v - uv'}{v^2} \quad (v \neq 0)$$

實際上，這些運算法則都是由之前學過的極限運算法則推導而來，大家很容易就能夠從極限的運算法則推導出導數的運算法則，不過為了後續使用方便，這裡我們直接列出這些公式。

在高等數學領域中，直接使用前人推導好的公式或定理，這樣的行為叫做「模組化思維」，它對於學習微積分尤為重要，因為很多時候我們是站在巨人的肩膀上來研究和解決未知問題。不過仔細想想，

之所以總結這些公式，倒有可能是數學家們為了偷懶。

有了這些公式之後，所有求導數的問題都可以配合附錄中的求導公式解決。這真要感謝數學家們的努力，才讓微積分變得這麼簡單。

複合函數的導數這樣算

我們在第 1 章就學過複合函數，關於複合函數的求導過程，這裡提供一個最普遍的範本，無論對多麼複雜的複合函數求導，只要按下列過程推演，一定可以解決問題。

我們設有一複合函數 $y=f(u)$，其中 $u=g(x)$，且 $f(u)$、$g(x)$ 都可導。那麼 $y=f[g(x)]$ 的導數為：

$$y' = f'(u) \cdot g'(x)$$

現在我們來檢驗符合函數求導公式的正確性。

如有一函數 $f(x)=(x+1)^2$，請試求它的導數 $f'(x)$。

如果不採用複合函數求導的方法，則應先把 $f(x)$ 化簡，即是寫成：

$$f(x)=(x+1)^2=x^2+2x+1$$

接著按照導數的加減法法則對 $f(x)$ 求導：

$$f'(x)=(x^2+2x+1)'=(x^2)'+(2x)'+(1)'$$
$$=2x+2+0=2x+2$$

89

所以有 $f'(x) = 2x + 2$。

現在改用複合函數求導的法則對 $f(x)$ 求導。首先設 $u = g(x) = x+1$，且有 $f(u) = u^2$。這樣就有：

$$f'(x) = f'(u)g'(x) = (u^2)'(x+1)'$$
$$= (2u) \cdot (1+0) = 2u = 2(x+1) = 2x+2$$

經過整理，也能得出 $f'(x) = 2x + 2$ 的結論。所以，複合函數的求導法則是正確可靠的。

反函數與反函數求導

還記得在第 2 章中討論過的對稱嗎？而反函數就要從對稱和翻折說起。如果有一函數 $y = f(x)$，那麼它的反函數，就是將其圖像沿著 $y = x$ 這樣一條斜線翻折後得到的圖。但是這種翻折也不是絕對的，還需要考慮定義域等因素。所以嚴謹一些的說法應該是：讓該函數的某一部分沿著 $y = x$ 的線條翻折。

有的人可能會問：「這麼搞來搞去，求反函數有什麼意義嗎？」一般來說，反函數和原函數的自變數和應變數對調，拿第 1 章的例子來說，即是我們可以透過縮印用了多少張紙，推算出原本需要印多少頁的資料；而拿本章的例子來說，則是透過測量麵團的近似半徑，來求出它的重量。因此，**反函數常被用於天文學和經濟學等學科之中。**

如果某函數 $x=f(y)$ [12]，它在某一段 [13] 內是單調 [14]，並且具備可導的性質，滿足 $f'(y)\neq0$。

要求 $f'(y)\neq0$ 的原因是，如果 $f'(y)=0$，則說明它在此處是一條水平的線，那麼經過翻折得到的反函數就一定有一段線是垂直的，而垂直線的導數沒有意義，也就是不存在導數。既然這樣導數不存在，那麼我們就沒有辦法求它的導數了。

把 $x=f(y)$ 的反函數寫作 $y=f^{-1}(x)$，可以這樣理解：f^{-1} 表示的是 f 的反函數，由於自變數和應變數的位置需要交換，所以就寫成了 $y=f^{-1}(x)$。

按照之前學過的求極限的方法，在該函數的指定區間內，任取不重疊的兩點——x 和 $x+\Delta x$。因為事先規定過 $x=f(y)$ 在這一段中是單調的，那麼就可以推出，經過翻折後得到的反函數 $y=f^{-1}(x)$，在同一段中也是單調的。既然它是單調的，那麼則有：

$$\Delta y=f^{-1}(x+\Delta x)-f^{-1}(x)\text{ 且 }\Delta y\neq0$$

於是就有：

---

[12] 這裡為了方便書寫，用 x 表示應變數，而 y 表示的則是自變數。這說明用於表示自變數和應變數的字母和符號可以替換。但是習慣上，一般都用 y 表示應變數，x 表示自變數，但這也只是一種習慣，當使用的符號不符合這種習慣時，我們也需要理解及適應。

[13] 更科學的說法是「區間」，但是由於這裡沒有介紹區間的概念，所以使用「段」這樣說法。

[14] 這裡是指函數的單調性，可以理解為函數的自變數增加時，應變數只增加或者只下降的情況。

$$\frac{\Delta y}{\Delta x} = \frac{1}{\dfrac{\Delta x}{\Delta y}}$$

由於 $y = f^{-1}(x)$ 是可以求導的,那麼根據導數存在的準則(將在第 4 章詳細介紹),它一定是連續的,所以會有:

$$\lim_{\Delta x \to 0} \Delta y = 0$$

即是:

$$[f^{-1}(x)]' = \lim_{\Delta x \to 0} \frac{\Delta y}{\Delta x} = \lim_{\Delta x \to 0} \frac{1}{\dfrac{\Delta x}{\Delta y}} = \frac{1}{f'(y)}$$

綜上所述,我們可以把結論歸納為:**反函數的導數=原函數的導數的倒數。**

思考題

有一函數 $y = \sqrt{\left(b + \dfrac{bx}{a}\right) \cdot \left(b - \dfrac{bx}{a}\right)}$,在該函數上是否存在一點 M,使得 M 點的切線與座標軸圍成的圖形是等腰三角形?如果 M 點存在,請說出它的座標;如果 M 點不存在,請說明理由。

數學視野
日本的數學發展

關孝和

關孝和，字子豹，是著名的日本數學家，代表作有《發微算法》等。他是內山永明的次子，後過繼給關家作養子。

關孝和的研究工作涉及範圍極廣，並且得到許多先進的數學成果。他的出現，使得日本數學界發生了巨大變化，並達到鼎盛時期，進入歷史上最高水準，並且為和算❶的形成奠定了基礎。

他在數學領域最著名的貢獻要數行列式，行列式的概念，最初是伴隨著求方程式的解而發展起來的。其雛形由他與萊布尼茲各自獨立得出。

1683 年時，他在著作《解伏題之法》中，首次提到行列式的概念，從此行列式得到了廣泛的應用，主要是用來求解高次方程式。

---

❶日本江戶時期發展起來的一種數學，其成就包括一些很優秀的行列式和微積分的成果。

加油添醋
中文房間與黑箱模型

　　美國加州大學伯克利分校哲學教授約翰・羅傑斯・瑟爾（John Rogers Searle）曾提出經典的「中文房間悖論」，其內容是假設在一個完全封閉、只有一個小窗戶的房間裡，有一個以英語為母語，且不通外語的人，帶著一本英漢字典及足夠的稿紙和筆，當房間外的人從小窗戶送入寫著中文的紙條，根據瑟爾的假設，房間裡的人可以用字典翻譯紙條文字後用中文回覆。即使這個人完全不會中文，瑟爾認為，透過這個過程，房間裡的人可以讓房間外的任何人誤以為他會說流利的中文。

　　所謂「黑箱模型」，就是把研究的實際現象想像成一個內有若干機關的不透明黑色箱子。由於還不了解研究對象的內在結構，比如在生化反應中，會有干擾因素眾多、內在關聯複雜、難以觀測等特點，我們就把它抽象成黑箱模型。

　　隨著進一步研究和科學的進步，我們逐漸了解黑箱模型的內在結構後，也就是弄清楚了黑色箱子內部機關的構造，這時就稱其為「白箱模型」，也就是能看清內部機制的模型。

　　譬如在力學、熱學和電學等學科中，經過科學家們的不懈努力和

長期研究，已經基本釐清了某個模型的內部機制，就可以說這是一個白箱模型。當然也有像生態學、氣象預報學這樣的學科，已經對其內部結構做了一部分研究，但還有尚不清楚的地方，此時就稱其為「灰箱模型」。

第 4 章

彈珠的滾動速度與導數

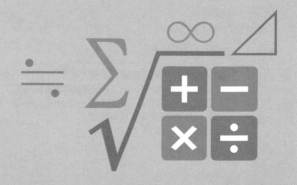

在第 2 章中我們已經知道，用撇來表示導數的符號系統，是由拉格朗日發明的。而在本章中，將繼續探察數學的歷史，看看微積分誕生之後，數學將會如何發展。

在牛頓和萊布尼茲發明微積分之後，歐洲數學分裂為兩派，英國仍然堅持牛頓在《自然哲學中的數學原理》（*Philosophiæ Naturalis Principia Mathematica*）❶中建立的幾何方法❷，因此發展進程緩慢；同一時期，歐洲大陸則推崇萊布尼茲創立的分析方法，發展進程快速許多，尤拉和拉格朗日是其中最主要的開拓者，而拉格朗日在十八世紀創立的主要分支中，都有開拓性的貢獻。

導數存在的 4 大準則

第 2 章曾討論過極限存在的準則，如果極限不存在，那麼導數就更無從談起。透過之前的學習，相信大家已經能夠理解，實際上導數本身就是極限的一種特殊情況。

這種說法和那些刻板的學術文章並無不同，所以下面要用一種更

---

❶《自然哲學的數學原理》是牛頓的代表作。成書於 1687 年。它是第一次科學革命的集大成之作，在物理學、數學、天文學和哲學等領域產生了巨大影響。在寫作方式上，牛頓遵循古希臘的公理化模式，從定義、定律（即公理）匯出命題，並且比較從理論匯出的結果和觀察結果，來檢視像是月球運動這樣的實際現象。
❷當時稱為分析學。

簡單、更容易理解的方式，來解釋函數的可導性。因為在第 2 章已經知道導數的幾何意義，是其函數在切線處的斜率，如果導數不存在（函數不可導），可以歸納出以下 4 種原因：

1. $f(x)$ 不是映射。

2. $f(x)$ 在該點不連續。

3. $f(x)$ 在該點的切線平行於 y 軸。

4. $f(x)$ 在該點處不能做出唯一的切線。

接下來就解釋一下，為什麼在這 4 種情況下函數不可導（也可以說導數不存在）。

首先，當 $f(x)$ 不是映射時，就是指 $f(x)$ 無法在 X 集合中的每一個元素 x，都能夠按照映射法則 f，在 Y 集合中對應到唯一確定的元素 y。如果 $f(x)$ 不是一個函數，當然就無法畫出它的函數圖像，更沒有斜率 ❸。

其次，當 $f(x)$ 在某一點不連續時，當然無法求它的切線，比如在該點位置函數沒有圖像 ❹，這種情況就無法求它的斜率，也就不存在導數。

再次，當 $f(x)$ 在該點的切線平行於 y 軸時，不可能整條函數的曲線都平行於 y 軸，因為這樣 $f(x)$ 就不是映射，即滿足第一種原因。即

---

❸ 這個說法其實不夠嚴謹，但為了方便大家理解，因此暫時如此解釋。
❹ 這是一種常見的極端情況，可能是該點不在定義域內或者不在函數圖像上。

使 $f(x)$ 中沒有任何一段完全平行於 y 軸，也可能有某一點的切線是平行於 y 軸，比方說，$f(x) = \sqrt[3]{x}$ 在原點的切線就平行於 y 軸，這就導致雖然 $f(x) = \sqrt[3]{x}$ 是函數並且連續，但該處的切線沒有斜率，所以導數也不存在。

最後，如果 $f(x)$ 在某一點能做出不止一條和曲線只有一個交點的直線，可以將其理解為切線不唯一 ❺，那麼斜率也就不唯一，換句話說就是無法計算，所以遇到這種棘手的情況，就會選擇不算了。這並不是因為數學家偷懶或者隨性，而是因為導數在這種情況下也不存在，所以才導致無法計算。

除了上述情況之外，導數都是存在的，大家可以把這條規律總結為：**可導必連續，連續不一定可導**。這樣的口訣只是為了方便記憶，但它背後的道理其實更為重要。

洛爾定理

洛爾定理是由法國數學家米歇爾·洛爾（Michel Rolle）提出，原文是如果函數 $f(x)$ 滿足：

1. 在閉區間 $[a，b]$ 上連續；

---

❺ 切線不唯一就意味著沒有切線，所以某些教科書會說切線不存在，也是對的。

2. 在開區間 $(a，b)$ 內可導；

3. 在區間端點的函數值相等，即 $f(a)=f(b)$，那麼在 $(a，b)$ 內至少有一點 $\xi(a<\xi<b)$ ，使得 $f'(\xi)=0$ 。

接下來我們試著解釋並證明洛爾定理。如圖表 4-2 所示，現有水平排列的兩個點 A 和 B，並有一條虛線相連，請拿起筆畫線，條件是：在垂直方向上可以任意移動，但在水平方向只能從左到右，不能回頭，並且畫出的線不能斷。

圖表4-2

如果畫出的線完全滿足上述條件，那麼這條線實際上就是圖表 4-3 中圖形的一部分、某些部分，或者全部進行平移、拼接、旋轉、放大或是縮小而組成的。換句話說，無論怎麼畫，都可以把它等價成圖表 4-3 中的曲線，所以我們就用它來討論洛爾定理。

圖表4-3

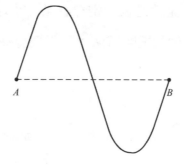

如果上頁圖表 4-3 是某一函數 [6] 的局部圖像，它在閉區間 $[a \cdot b]$ 上連續，在開區間 $(a \cdot b)$ 內可導，並且滿足 $f(a)=f(b)$。現在只需要在這條線上找到一個點 ξ，使得 $f'(\xi)=0$，或是把這曲線分割成無數個細小的直線段，看看其中有沒有一小段平行於 A 和 B 的連線。

如圖表 4-4 所示，顯然有兩點使得 $f'(\xi)=0$，也就是說，有兩小段線是平行於 A、B 的連線。

圖表4-4

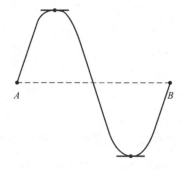

拉格朗日均值定理

與上述情況類似，如果 A、B 兩點不是水平排列，而是除了垂直之外 [7] 的任意角度，是不是也一定存在某一小段的線和 A、B 連線平行？這裡介紹一種巧妙的證明方法：只需要旋轉這本書至一定的角度

---

[6] 後文中將用 $f(x)$ 代替這一函數。
[7] 兩點垂直排列時導數不存在，前文已有詳細解釋，這裡不再重複說明。

（但不能使 A 和 B 兩點變成垂直排列），再觀察圖表 4-4，就能清楚看到，一定有某一小段的線和 A、B 的連線平行。這就叫做「拉格朗日均值定理」（簡稱均值定理）。

實際上，均值定理是洛爾定理的一種延伸。因為在洛爾定理中，A 和 B 兩點是水平的，所以 A、B 連線的斜率為 0，且 ξ 處的斜率（導數的值）也為 0。然而在均值定理中，A、B 兩點並不一定是水平排列，但也存在 A、B 連線的斜率等於 ξ 處的斜率（導數的值）這種情況，所以可以把 ξ 處的斜率（導數的值）表示為 A、B 連線的斜率。

若使用數學語言表達就是：

$$f'(\xi) = \frac{f(b) - f(a)}{b - a}$$

也有人習慣寫成：

$$f(b) - f(a) = f'(\xi)(b - a)$$

在第 2 章中已經講過，常數的導數是 0，如果還不知道為什麼常數的導數是 0，可以先想成常數是一條水平的直線，水平直線的斜率是 0，所以常數的導數就是 0。當然也可以使用下面這個方法來證明常數的導數是 0：

設 $f(x) = C$（C 為常數）

$\therefore$ 有 $f'(x) = \lim\limits_{\Delta x \to 0} \frac{f(x + \Delta x) - f(x)}{\Delta x} = \lim\limits_{\Delta x \to 0} \frac{C - C}{\Delta x} = 0$

$\therefore$ 故 $f(x)=C$ 時，有 $f'(x)=0$

　　根據均值定理，我們可以推導出，如果一個函數 $f(x)$ 的導數恆為 0，那它一定是常函數。常數的導數是 0，和它的逆命題——如果一個函數 $f(x)$ 的導數恆為 0，它就一定是常函數，都是成立的。這一結論將會在第 6 章以後廣泛使用。

伽利略的困惑

　　眾所周知，伽利略・伽利萊（Galileo Galile）是科學史上偉大的數學家、物理學家、天文學家。他一生中最大的成就，就是推翻了古希臘哲學家亞里斯多德（Aristotélēs）那些從憑空想像和主觀臆斷得到的錯誤結論[8]，並且奠定了經典力學的基礎，有力的反駁了托勒密的地心說。

　　伽利略在十七世紀的自然科學發展中有很關鍵的地位，現在普遍認為，近代自然科學是從伽利略和牛頓建立的實驗科學開始。伽利略的理想斜面實驗，不僅推翻了亞里斯多德的錯誤觀點，也為牛頓的力學三定律提供了強而有力的理論基礎。

---

[8] 亞里斯多德在西元前三世紀提出「力是維持物體運動的原因」，但這一觀點被伽利略的理想斜面實驗所推翻。

他的理想斜面實驗結論，被牛頓總結為慣性定律 ❾ —— 任何物體都是靜止的，或是保持均速直線運動，直到外力迫使它改變運動狀態為止。

但是，我們在第 2 章討論過的瞬間速度、平均速度，以及即將要討論的加速度等問題，也曾經困擾過伽利略這樣的大師。

推導瞬間速度的泰勒展開

泰勒展開也稱為泰勒公式 ❿，它是假設有一彈珠距離我們的觀測位置 x 公尺，如果用 $f(t)$ 表示它在 t 時刻與觀測位置的距離，能否寫出一個關於 t 的函數 $f(t)$？

如果彈珠永遠是靜止的，那麼顯然 $f(t)=x$，這時可以說 $f(t)$ 的取值和時間 t 無關。假如這一彈珠以 v 的速度均速運動，那麼則有 $f(t)=x+vt$。這裡如果對時間 t 求導 ⓫，就可以得到彈珠運動的速度 v，這個速度既是彈珠的平均速度，又是彈珠的瞬間速度。

這時要引入一個在國中就學過的物理概念 —— 加速度 ⓬，其類

---

❾ 也稱為牛頓第一定律。
❿ 關於提出泰勒展開的英國數學家布魯克・泰勒（Brook Taylor），請見第 111 頁。
⓫ 對某一變數求導時，其他變數應該被認定為常數。在這裡是對時間求導，非時間的變數都應該被認定為常數。
⓬ 某些中學課程裡沒有加速度這一概念，但會介紹重力常數 g，實際上重力常數 g 應被稱為「重力加速度」，是加速度的一種。

似在第 2 章討論過的，火車出站之後的一段時間在做加速運動，進站前一段時間在做減速運動。

　　假如現在彈珠瞬間速度的變化如右頁圖表 4-5 所示。由於在第 2 章就學過了，任意時刻的瞬間速度可以表示為距離的導數，因此，對瞬間速度求導，就會得到加速度。這裡用 a 來表示加速度，如果加速度恆定，就說明有 $f''(t)=a$。我們往回逆向推理，就有速度 $f'(t)=v+at$，這時的 v 不是瞬間速度，也不是平均速度，而是當時間 t 為 0 時的瞬間速度，其稱為初始速度或初速度。

　　如果再透過瞬間速度 $f'(t)$ 進行逆向推理 **⑬**，就能推導出距離函數 $f(t)$，即是：

$$f(t)=x+vt+\frac{1}{2}at^2$$

　　但如果加速度不是一個定值（常數），就會如圖表4-6 **⑭** 所示。假如加速度的變化規律是一個定值，那麼就有 $f'''(t)=a_1$，這裡為了區別 a 和 a 的變化量，所以把原有的 a 稱為 a_0，a 的變化量稱為 a_1。

　　於是就有 $f'''(t)=a_1$，繼續逆向推理則有 $f''(t)=a_0+a_1t$，這時 $f''(t)$ 表示的是瞬間加速度，相當於右頁圖表 4-6 縱軸上的點。而 a_0

---

⑬ 逆向推理的原理將在第 6 章介紹，這裡暫時只需要推理即可。
⑭ 圖表 4-5 和圖表 4-6 的區別為縱軸的變數不同。

圖表4-5

圖表4-6

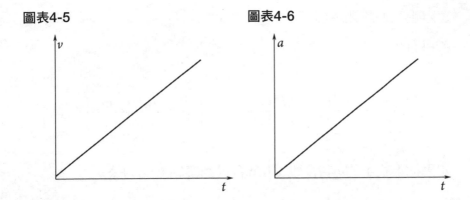

只表示在時間 t 為 0 時的瞬間加速度，或者說是初始加速度。

按照這個規律逆向推理，就有瞬間速度 $f''(t)$：

$$f'(t) = v + a_0 t + \frac{1}{2} a_1 t^2$$

那麼距離 $f(t)$ 為：

$$f(t) = x + vt + \frac{1}{2} a_0 t^2 + \frac{1}{6} a_1 t^3$$

按照這個規律，可以推導到 a_0、a_1、a_2、a_3、a_4……a_n。為了統一，將其寫成：

$$f(t) = x_0 + x_1 t + \frac{1}{2} x_2 t^2 + \frac{1}{6} x_3 t^3 + \cdots + \frac{1}{n!} x_n t^n$$

實際上我們剛剛就發現了，$x_1 = f'(x_0)$、$x_2 = f''(x_0)$、$x_3 = f'''(x_0)$ ⋯⋯所以有：

$$f(t) = \frac{x_0}{0!} + \frac{f'(x_0)}{1!} + \frac{f''(x_0)}{2!} + \frac{f'''(x_0)}{3!} + \cdots + \frac{f^{(n)}(x_0)}{n!}$$

如果把上式中的 t 替換成 x，就會得到泰勒展開的公式：

$$f(x) = \frac{x_0}{0!} + \frac{f'(x_0)}{1!} + \frac{f''(x_0)}{2!} + \frac{f'''(x_0)}{3!} + \cdots + \frac{f^{(n)}(x_0)}{n!}$$

思考題

你能用泰勒公式表示自然對數的 x 次方嗎？此外，$\sin x$ 能不能用泰勒公式來表示？還有哪些你想用泰勒公式表示的函數？它們又應該怎麼表示？

數學視野
大禹治水時代的數獨

幻方，又稱為魔術方陣或縱橫圖，是一組排放在正方形中，其每行、每列及每一對角線的和均相等的數字陣形，其歷史可以追溯到約四千年前的中國——大禹治水的時代。

傳說大禹治水時，有一天他正走在黃河邊，河裡突然浮出一隻背上有一些紋路的巨大烏龜。大禹仔細看這些紋路時發現：烏龜的後背被分成了九塊，每塊裡都有一些小點。大禹把每一行、每一列、每一對角線的小點分別加起來，發現都是 15。大禹從這隻神龜得到啟示，最終成功治理了黃河，而神龜後背的圖案就被稱為「幻方」。

我們先看下面這個問題：正如傳說中所說的，幻方起源於大禹治水故事中的神龜，那麼請將 1 到 9 這 9 個數字填入九宮格中，使得橫、豎、斜方向的和都等於 15。

在中國古代有這樣一首歌謠：「法以靈龜，二四為肩，六八為足，左七右三，戴九履一，五為中間。」從歌謠中不難發現，若 5 在九宮格的中間，周圍位置中相對的兩個數字加起來都是 10。這是為什麼？又能不能寫出一種不同於歌謠的三階幻方？

如果你自認為寫出了不同的幻方，請把它透過左右或上下翻折，

順時針或逆時針旋轉，變成和歌謠一樣的幻方，這時一定會發現，無論怎麼排列這個幻方，5 總是在中間，周圍位置中相對的兩個數字相加，也一定都是 10。所以這個問題是無解的。

　　現在我們已經了解三階幻方，那麼有沒有二階幻方？對於一個 N 階幻方來說，它每一行數字的和又是多少？顯然，要寫一個 N 階幻方，需要把 1 至 N^2 個數字填入格子中，這些數字的和可以用高斯求和公式求出，假設所有數字的和是 S，那麼 $S=(1+N^2)\times N^2\div 2$。如果設每一行或每一列數值的和是 e，那麼 $S=N\times e$，所以就有 $e=(1+N^2)\times N\div 2$。

　　想知道到底是否存在一個二階幻方，不妨先假設它「存在」，然後用 A、B、C、D 來代替 1、2、3、4，那麼它的 e 會是多少？

　　對於一個二階幻方來說，e 等於 5。橫著看，第一行可以概括為 A+B=5；第二行可以概括為 C+D=5；斜著看就有 A+D=5 和 C+B=5。這時如果將兩個式子相減，就會得到 B-D=0，但是 1、2、3、4 這 4 個數字中沒有兩個相等的數字，所以二階幻方不存在。

總是捲入「誰先發明它的」紛爭的數學家

布魯克・泰勒

憑藉泰勒展開和泰勒級數聞名世界的布魯克・泰勒，是著名英國數學家，出生於英格蘭密德薩斯埃德蒙頓，逝世於倫敦。1701 年進入劍橋大學聖約翰學院，8 年後移居倫敦，隨即獲得法學學士學位，後來又於 1714 年獲得法學博士學位。

他在 1708 年就發明了一種解決「振盪中心」問題的方法，但是由於種種原因，這一方法直到 1714 年才被發表，導致後來發生了到底是瑞士數學家約翰・伯努利（Johann Bernoulli），還是泰勒先發明此解法的爭議。

1712 年，泰勒在一封信裡首次提到泰勒展開這個公式，但早在 1671 年時，蘇格蘭數學家詹姆斯・葛利格里（James Gregory）就已經發現泰勒展開中的一種特例。到了 1797 年前夕，拉格朗日又提出了帶有餘項形式的泰勒定理。

嚴格來說，如果函數夠平滑，在已知函數在某一點的各階導數值

之前提下，泰勒展開就可以把這些導數值當做係數，構建一個多項式，來計算函數在這一點的鄰域中的值。說得簡單一點就是：泰勒展開是一個用函數在某點的資訊，描述其附近取值的公式。

我們可以把泰勒展開理解為一個求近似的公式。之前說過，微積分中最重要的就是這種差不多、不太過認真的思想。這樣看來，微積分或許是一種懶人數學呢。

同樣於 1712 年時，泰勒被選入皇家學會，並捲入了牛頓與萊布尼茲爭搶微積分發明權的案子（實際上泰勒是加入了這一個案子的委員會）。

泰勒於 1731 年在倫敦去世，他的遺作直到 1793 年才被發表。

專治各種「不服」的 羅必達法則

羅必達

羅必達（Guillaume de l'Hôpital）是著名的法國數學家，1661 年生於法國的貴族家庭，1704 年 2 月 2 日卒於巴黎。羅必達在早年就顯露出數學才能，15 歲時就能解出法國數學家布萊茲·帕斯卡（Blaise Pascal）的擺線難題，之後又解出伯努利向歐洲挑戰的「最速降線問題」，在這之後，羅必達便在伯努利的門下學習微積分。

之前在討論「兩個重要極限之二」時，大家有沒有過這樣的疑問：既然 $\lim\limits_{x \to 0} \dfrac{\sin x}{x} = 1$，為什麼不能把 $x \to 0$ 理解成將 $x=0$ 代入 $\dfrac{\sin x}{x}$ 進行計算？這是一種極端情況，有人喜歡把這種情況稱為「不服」。不能這麼做的原因是，如果把 $x=0$ 代入 後會出現：

$$\frac{\sin 0}{0} = \frac{0}{0}$$

分母為 0 的算式沒有意義，或者說它不符合數學計算的基本常

識。於是就出現了這種「不服」[15]的情況。

如果出現了 0:0 的形式，就意味著 $x \to a$ 時，$f(x)$ 和 $F(x)$ 都趨近於 0（$f(x)$ 和 $F(x)$ 無關），而且兩者的導數，在 x 非常接近但不等於 a 時都存在，且 $F'(x) \neq 0$。由於 $\lim\limits_{x \to a} \dfrac{f'(x)}{F'(x)}$ 存在，所以有：

$$\frac{f(x)}{F(x)} = \frac{f(x) - f(a)}{F(x) - F(a)} = \frac{f'(\xi)}{F'(\xi)} \text{ [16]}$$

綜上所述，有 $\lim\limits_{x \to a} \dfrac{f(x)}{F(x)} = \lim\limits_{x \to a} \dfrac{f'(x)}{F'(x)}$，這就是羅必達法則。

如果 $\dfrac{f'(x)}{F'(x)}$ 在 $x \to a$ 時，把 $x = a$ 代入 $\dfrac{f'(x)}{F'(x)}$ 後，仍然會出現：

$$\frac{f'(x)}{F'(x)} = \frac{0}{0}$$

這時只需要再次使用羅必達法則即可，有：

$$\lim_{x \to a} \frac{f(x)}{F(x)} = \lim_{x \to a} \frac{f'(x)}{F'(x)} = \lim_{x \to a} \frac{f''(x)}{F''(x)}$$

這種情況在 $a = \infty$ 同樣適用。

經過整理之後，上式可以寫成：

---

[15] 「不服」實際上是指「不符合」，有的學者稱其為 0:0 的形式。

[16] ξ 在 x 與 a 之間。

$$\lim_{x \to \infty} \frac{f(x)}{F(x)} = \lim_{x \to \infty} \frac{f'(x)}{F'(x)}$$

　　羅必達在他 1696 年的著作《闡明曲線的無窮小分析》（*Analyse des infiniment petits pour l'intelligence des lignes courbes*）發表了這一法則。這個法則是在一定條件下透過分別對分子、分母求導後再求極限，來確定未定式值的方法。但經過研究後，目前普遍認為這個法則實際上是由伯努利發現的。

數學視野
羅必達的恩師——伯努利

約翰·伯努利

　　伯努利所屬的伯努利家族，是十七世紀至十八世紀時，瑞士一個人才輩出的家族，他與哥哥雅各·伯努利（Jakob I. Bernoulli）、兒子丹尼爾·伯努利（Daniel Bernoulli）的成就最大。伯努利對於微積分的發展有極大貢獻，還培養了多位歐洲數學家，因此聞名數學史。

　　伯努利於 1691 年來到巴黎，在巴黎期間，結識了後來成為法國著名數學家的羅比達，並於 1691 年至 1692 年這兩年間教授他微積分，隨後成為好朋友，書信往來長達數十年之久。

　　伯努利與萊布尼茲也有密切的書信聯繫，彼此交換數學問題上的意見。伯努利是萊布尼茲的忠實擁護者，後來也被捲入了微積分發現優先權的爭論。

　　伯努利提出了三角函數、對數函數、指數函數、變數的無理數次冪函數，及某些以積分表達的函數，另外他還指出對數函數是指數函數的反函數。由於伯努利的開拓，微積分和微分方程才得以快速的發

展起來。

　　1715 年，在他給萊布尼茲的信中，提到了現在通用的、用三個座標平面建立空間座標系的方法，也提出了用有三個座標變數的公式來表示曲面的方法。

　　伯努利與當時一百多位學者有書信聯繫，學術討論信件多達兩千五百多封，對於當時學術界的發展至關重要，此外他也致力於教學，十八世紀數學界的核心人物尤拉，正是伯努利的學生。

第 5 章

把股票走勢變成曲線——
曲線擬合概念

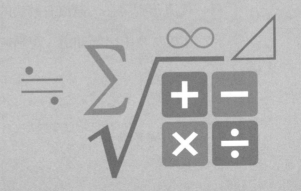

股市瞬息萬變，如果有一種能夠預測股票上漲或下跌大致規律的方法，那豈不是太好了？如果我們認為，根據走勢圖來預測股票的漲跌是可靠的（實際上在股市中，行情變化與宏觀的經濟發展、政策法規、公司營運等多方面情況息息相關），那要怎麼利用微積分來分析股市呢？

其實，這和第 3 章介紹過的建立數學模型的情況一樣，即是對現實現象的簡化和抽象。這樣做的目的是方便進行討論和研究，只有當我們把這個現實的現象簡化成模型研究透澈之後，才可以像第 1 章中，分析海盜的賽局理論時那樣，在後期慢慢把模型複雜化，使得模型更加接近真實。由於篇幅的限制，這裡我們只討論簡化後的、高度抽象的數學模型。

曲線擬合 —— 推導符合曲線的函數式

即使認為根據走勢圖預測股票的漲跌是可信賴的，我們也沒有辦法研究這種被簡化後的模型。在這一章中，我們還要解決一個從第 2 章一直遺留到現在，還沒有解決的問題。

在第 2 章中已經知道，現階段 ❶ 我們研究的函數中，絕大多數都

---

❶ 指這本書討論的範疇之內。

可以畫出相對應的函數圖像。而在第 3 章學習反函數時，只要知道原函數 ❷ 和應變數的值，就可以輕而易舉的推導出自變數的值。假如我們已經得到了一個函數的圖像，同樣可以推導出這一圖像所對應的函數式。

　　如果是標準的初等函數，我們甚至可以完全還原出它的原函數，即使像是股市這樣的現實情況，也可以透過曲線擬合的方法，推算出最為接近並且幾乎沒有誤差的圖像。而這個推導的過程，就被稱為「擬合」。

函數也能倒著學，先有圖像再求式子

　　似乎所有不喜歡甚至是討厭數學的人，都是從函數開始產生厭惡情緒的，許多人念國中時，函數一直是個難題，它就像個詛咒，讓數學成了大家的天敵。

　　有人曾把函數比喻成一臺照相機，它反映了記錄被拍攝者相貌的過程，因此把拍照的過程稱為映射，把底片稱為應變數，而將被拍攝者稱為自變數。假設照相機位置固定不動，那麼被拍攝者所站的位置應該有一定的範圍，如果太偏向兩側就有可能照不到，這個可以被拍

---

❷ 有的書中稱原函數為「直接函數」。

攝到的範圍就叫做「定義域」。當然現在也有非常高級的全景相機，可以將所有角度內的風景都拍進去，這說明了定義域也可以從負無窮到正無窮。

即使是這樣的解釋，似乎也不能完全讓人理解什麼是函數，因此後來又有人發現了認識函數更有趣的方法——透過曲線的擬合來學函數。以前人們學習函數時，會向第 1 章那樣先學函數，然後再像第 2 章那樣畫出函數的圖像。雖然這種方法在邏輯上極為嚴謹，但卻有些為難了不擅長閱讀英文的讀者，雖然簡單的初等函數還能勉強看懂，但學到稍微複雜的函數時就會簡直像天書。

於是，就有人想出一個逆向學習函數的技巧——先得到曲線，再推出可以畫出這條曲線的函數式，但這種方法的最大缺點就是，無法應用於像狄利克雷函數❸這種很難畫出圖像的函數。

垂直線不是函數

在第 2 章中曾介紹過，一般的直線都可以在笛卡爾直角座標系❹

---

❸ 由德國數學家約翰‧彼得‧古斯塔夫‧勒熱納‧狄利克雷（Johann Peter Gustav Lejeune Dirichlet）提出，是一個定義在實數範圍上、值域為不連續的函數，同時它又是一個偶函數。它處處不連續，處處極限不存在，不可積分。有人認為它的圖像不存在，但這是錯誤的說法，理論上在目前研究的範圍內，每一個函數式都有對應的圖像，只不過現階段無法為狄利克雷函數畫出精確的圖像。在數學上，「有沒有圖像」和「能不能畫出圖像」是兩個不同的概念，難以畫出精確圖像的函數，其圖像並不一定不存在。

❹ 即是平面直角座標系。

中，表示為下列這樣的抽象式：

$$y=kx+b$$

這裡的 k 是直線的斜率，而 $y'=k+0=k$，也就是說，**直線的斜率實際上就是它函數式的導數**。

但是對於**垂直線**來說，它本身**不是函數也沒有導數**，更無法代入 $y=kx+b$ 中，就把它抽象成：

$$x=b$$

這樣就可以輕鬆的看出它的斜率不存在，也不能求導（因為這裡的自變數 x 恆等於一個常數，所以不能對 x 求導）。

實際上，描述一條直線的常用方法共有 8 種[5]，用抽象式 $y=kx+b$ 來描述的方法叫做「斜截式」，因為 k 恰好是抽象式 $y=kx+b$ 的斜率，而 b 則是抽象式 $y=kx+b$ 和縱軸交點到原點的距離[6]（截距）。

這裡還要介紹把抽象式 $y=kx+b$ 和 $x=b$ 統一的方法，即寫成：

$$ax+by+c=0$$

---

[5] 8 種常用方法是指：點斜式、截距式、兩點式、一般式、斜截式、法線式、點向式和法向式。
[6] 正確說法應為「截距」。因為距離只能是非負數（正數和 0），但交點在縱軸的上半軸（正半軸）時，截距是交點到原點的距離，而當交點在縱軸的下半軸（負半軸）時，截距則是交點到原點之間距離的相反數。

　　抽象式 $ax+by+c=0$ 被稱為直線的「一般式」，因為在笛卡爾直角座標系中，所有的直線都可以用一般式來表示。但要注意的是，在一般式中，a 和 b 的值不能同時為 0。還有，一般式 $ax+by+c=0$ 中的 b，與斜截式 $y=kx+b$、斜截式不能表示的垂直線 $x=b$ 中的 b，是不同的意思：一般式中的 b 只是 y 的係數，沒有截距之意。

　　在幾何領域中，（不重疊的）兩點可以確定一條直線。那麼，如果某一函數式為斜截式，就可以透過兩點的座標來確定這條直線。

圓的標準式

　　圓的定義非常多，其中有兩種說法最為流行，一種是：同一平面內與定點等距的點的集合；另一種是：一條線繞著其中一個端點在平面內旋轉一周，另一端點劃過的軌跡。根據第二種定義，人們想像出圖表 5-1 中的畫圓工具。這就是圓規的雛形——將一條不可伸長的細繩其中一端綁一支筆，另一端則用圖釘固定在紙上。

　　圖表 5-1 中左邊的圖像，即是一個以原點為圓心的圓，我們可以用畢氏定理（或稱勾股定理）來表示圓上每個點的座標，也就是橫座標的平方加縱座標的平方等於半徑的平方：

$$x^2+y^2=r^2$$

　　如果圓心不在原點，那麼只要將公式中橫座標的平方變成「橫座

圖表5-1　一種畫圓的工具

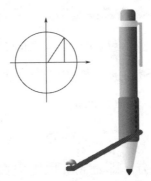

標與圓心橫座標的差」的平方。相對的，縱座標的平方則改成「縱座標與圓心縱座標的差」的平方。如果我們設圓心的座標是 (x_0, y_0) 的話，則有：

$$(x-x_0)^2 + (y-y_0)^2 = r^2$$

如果你忘了什麼是畢氏定理（前言中有提及，也叫畢達哥拉斯定理），也可以觀察如圖表 5-2 的圖案，這個像風車一樣的圖案叫做「玄圖」，其中的四個直角三角形完全相等。如果現在規定圖中的每

圖表5-2

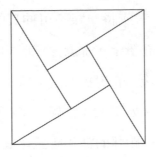

個直角三角形，較短的直角邊長度是 a，另一直角邊長度是 b，斜邊的長度是 c，透過觀察，你認為 a、b、c 之間有什麼關係？

首先，裡面小正方形的邊長應該是股減去勾的值，可以記為 $b-a$，它的面積就是 $(b-a)^2$。另外四個直角三角形的面積都是勾乘股除以 2，可以記為 $\frac{ab}{2}$，四個三角形面積的總和就是 $2ab$。大正方形的面積既可以表示為弦的平方，即是 c^2，也可以表示為 $(b-a)^2+2ab$，所以就有 $c^2=(b-a)^2+2ab$，整理可以得到 $a^2+b^2=c^2$。

橢圓的標準式

如前所述，所有的圓都可以用下面的抽象式表述：

$$(x-\text{圓心橫座標})^2 + (y-\text{圓心縱座標})^2 = \text{半徑}^2$$

如果把上式中的中文字換成數學符號，就變成：

$$(x-x_0)^2 + (y-y_0)^2 = r^2$$

如果把畫圓工具，看成將一條不可伸長的細繩其中一端綁一支筆，另一端用圖釘固定在紙上，那麼畫橢圓的工具，就可以看成將一條不可伸長的細繩對折後，在對折的地方綁一支筆，繩子的兩頭分別用兩個圖釘固定在紙上，如第 128 頁圖表 5-3 所示。

所以兩個圖釘到筆的距離的總和應該是固定長度，如果有相關計

算經驗，可知橢圓形的公式為：

$$\frac{x^2}{a^2} + \frac{y^2}{b^2} = 1$$

　　如果沒有這方面的計算經驗，也可以選擇另一種較為特殊的方法來驗證這個公式。

　　下頁圖表 5-4 是一個橢圓形。在圓形中，圖釘固定的點為圓心；而在橢圓形中，圖釘分別固定的兩個點（圖中 M、N 兩點）為「焦點」。

　　我們可以認為橢圓形原本是一個半徑為 1 的圓，它在 x 軸的方向上被壓縮了 a，在 y 軸的方向上被壓縮了 b，就像被擠扁的柚子一樣。

　　半徑為 1 的圓的公式是：

$$x^2 + y^2 = 1$$

如果它被壓扁了，就變成：

$$\left(\frac{x}{a}\right)^2 + \left(\frac{y}{b}\right)^2 = 1$$

經過整理就會得到橢圓形的公式：

$$\frac{x^2}{a^2} + \frac{y^2}{b^2} = 1$$

圖表5-3　　　　　　　　　　　　　　　圖表5-4

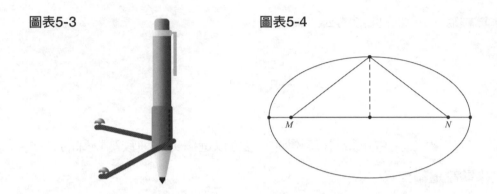

　　如果最初被壓扁的圓半徑不是 1，也可以透過在等式兩邊同時除以「未壓扁時圓半徑的平方」，來得到橢圓形的公式。

三次板條線——擬合不規律曲線的好工具

　　然而，股票走勢圖既不是單純的直線，也不是圓或橢圓這樣規則的圖形。經過無數實踐的論證，有一種叫做「三次板條線」（Cubic Spline）的曲線，被認為最能表示像股票走勢圖這樣規律不明顯的圖像了。三次板條線的抽象式，實際上就是三次函數的公式，即是：

$$y = ax^3 + bx^2 + cx + d$$

　　除了三次板條線以外，還有二次板條線、四次板條線等等，但是以曲線的擬合來說，考慮到計算的複雜度（四次板條線等超過三次以上的板條線，計算較為複雜）和最終曲線圖像的相似度（三次以下的

板條線圖像和真實情況相差甚遠），所以經過綜合考慮，通常會使用三次板條線對曲線進行擬合。

另一方面，還有一種擬合曲線的方法是求不定積分，這種方法擬合的曲線會更為精確和方便，我們將會在第 6 章詳細介紹。

有一種對於板條線公認的比喻，即是在一條可以任意彎曲的繩子上，釘一些圖釘來確定繩子曲線。二次板條線就是需要 3 個圖釘來確定的曲線，三次板條線就需要 4 個圖釘，以此類推，N 次板條線就是要 $N+1$ 個圖釘來確定的曲線。

換句話說，$y=ax^3+bx^2+cx+d$ 中需要確定的未知數共有 4 個，即 a、b、c、d，所以至少需要取 4 個點才能確定這條曲線。這有點像「兩點確定一條直線」，因為直線是由兩點來確定的，而且直線也可以理解為一次函數的圖像，按照前面所說的規則，就可以把直線視為一次板條線。既然一次板條線（直線）需要 2 個點才能確定，三次樣條線自然需要 4 個點才能確定。

對於股票走勢圖來說，這 4 個點的選擇極為關鍵，應該盡量找轉折較大或極為關鍵的點代入公式。有一種「投機取巧」的方法，就是先選擇 4 個點代入公式進行擬合，然後再選擇第 5 個點，把它的橫座標代入擬合出來的曲線，並觀察該點是否在曲線上。如果剛好在曲線上或者誤差較小，就可以認為之前選擇的 4 個點是合理的；但如果誤差較大，或完全脫離擬合的曲線，則需要重新選擇 4 個點。

但是由於在現實世界中，股市行情的變化與經濟、法規、公司狀

況等息息相關，導致我們很難把它抽象成一個能夠用公式來表示的數學模型，所以接下來的內容都是以假設的理想狀態來討論。

假設有一檔股票，在某一段時間內的走勢圖可以用公式 $y = \frac{1}{3}x^3 + \frac{1}{2}x^2 + 5$ 表示，如果以投資風險最小為考量，應該在什麼時候買進該股票？

函數的單調性和駐點

下頁圖表 5-5 是這一檔理想股票的走勢圖。在討論何時買入股票風險最小之前，要先了解什麼叫做函數的單調性。

對於函數的圖像來說，有些部分可能呈現出上升的趨勢，有些部分可能呈現下降，還有一些部分時而上升、時而下降，就有點像是股票走勢圖。如果圖像在某一部分一直上升，對應到股票的上漲，就表示要在呈現這種趨勢之前買入；相反的，如果圖像在某一部分呈現下降趨勢，對應到股票下跌，也表示要在出現這種趨勢之前賣出。

我們都希望股市能夠一直上漲，而這種一直上漲的現象叫做「單調遞增」。字面意思就是，不管增加的幅度有多少，反正永遠在增加。股市當然也會出現一直處於低迷的下跌狀態，這種狀態則叫做「單調遞減」，也就是一直在下跌、減少的狀態。

結合用一階導數表示斜率的方法，當股票上漲時，其斜率應該大於 0，也就是說，在擬合出的股票走勢圖所對應的函數曲線上，如果

在某一點的斜率大於 0，就表示這檔股票在上漲，即是單調遞增；同樣的，如果斜率小於 0，就說明股市在下跌，即是單調遞減。

　　有時在上漲或下跌的過程中，會出現非常短暫的停留，類似於股市中的漲停或跌停。漲跌停板制度是為了防止交易價格的暴漲、暴跌，但是這種短暫的停止不代表之後就不再上漲或下跌。這種現象可以類比為❼函數中某一點的導數為 0，但其前後點的導數，都是正數或負數的情況。如圖表 5-6 所示，短暫的停留並沒有改變函數整體下降的趨勢，如果這種情況出現在股市中，就需要多加注意，因為它經常被誤認為是可能反彈的點。

圖表5-5　　　　　　　　　　　　　　　圖表5-6

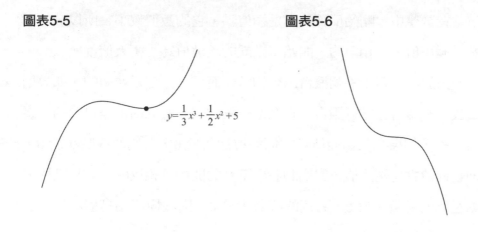

$$y=\frac{1}{3}x^3+\frac{1}{2}x^2+5$$

❼股市中的漲跌停和函數中的駐點概念不完全一樣，這裡只是藉由漲跌停的概念來引入駐點的概念，並不代表漲跌停就一定對應到函數中的駐點。

這些導數為 0，又沒有改變左右兩側函數圖形趨勢的點，稱為「駐點」。有了駐點的概念，就能解釋為什麼明明股市好像要反彈了，結果還是繼續下跌的怪現象，所以無論是數學上的函數還是真實的股票，遇到駐點時都需要多想一想。

極值點，股價走勢的反彈點

相對於駐點，還有一種點叫做「極值點」。極值點的導數也是 0，但是它前後點的導數符號是相反的，這種點對應到股市中，就是反彈或下跌的開始。

在數學中，開始反彈的點是極值點，它的數值較小，所以該值叫做「極小值」；相對的，開始下跌處的函數值為「極大值」。

對於由股票走勢圖擬合出來的函數而言，一定是連續的，如果用三次板條線對它進行擬合，它在某一點的去心鄰域內都是可導的。這樣一來，如果在某個極值點左側的導數大於 0，右側的導數小於 0，則該極值點是極大值，對應到股票下跌的開始；相反的，如果某極值點左側的導數小於 0，右側的導數大於 0，則該極值點是極小值，對應股票反彈的開始。

如果我們總是用求三次一階導數的方法，未免有些笨拙，所以這裡要再講解一種透過極限的性質推導出極值點的方法：

如果已經判斷出函數某一點的一階導數為 0，那麼不妨把它的一

階導函數看成一個新的函數，再次求導，就相當於求函數在該點的二階導數。如果二階導數不為 0，就可以繼續進行下面的推導。

如果 $f''(x_0) < 0$，則有：

$$f''(x) = \lim_{x \to x_0} \frac{f'(x) - f'(x_0)}{x - x_0} < 0$$

根據極限運算的性質，可以很容易推導出：

$$\frac{f'(x) - f'(x_0)}{x - x_0} < 0$$

已知該點的一階導數為 0，用數學語言來表達則為：

$$f'(x_0) = 0$$

所以 $\dfrac{f'(x) - f'(x_0)}{x - x_0} < 0$ 就可以寫成：

$$\frac{f'(x)}{x - x_0} < 0$$

這樣一來，我們就知道 $f'(x)$ 和 $x - x_0$ 在左右側鄰域中的符號相反。當 $x - x_0 < 0$（$x < x_0$）時，有 $f'(x) > 0$，即是在極值點左側的導數大於 0。同樣的，當 $x - x_0 > 0$（$x > x_0$）時，有 $f'(x) < 0$，即是在極值點右側的導數小於 0。大家可以自行推導出 $f''(x_0) > 0$ 的情況。

最後，我們不難得到這樣的結論：如果函數具有二階導數，且 $f'(x_0)=0$，則有：

當 $f''(x_0)<0$ 時，函數在 x_0 點取得極大值；

當 $f''(x_0)>0$ 時，函數在 x_0 點取得極小值。

所以，在計算過一階導數之後，只需要再求出二階導數，看函數在該點的二階導數是大於 0 還是小於 0，就可以判斷在這點取得的是極大值或極小值了。如果取得的是極大值，那麼股票很可能會下跌，應該趕快賣掉。

用曲線的凸凹性，模擬股票走勢的階段

看到這裡或許有讀者覺得，已經知道股票什麼時候漲或跌，這樣凡是有可能漲的股票都買進，有可能跌的都賣出就好，但是即使是這樣，也不一定能賺到錢。一方面因為股票的漲跌受外界因素影響較大，另一方面還有比知道股票是漲還是跌更重要的事，那就是：股票上漲時是處於上漲的什麼階段，下跌時又是在下跌的什麼階段。

如前所述，如果由股票走勢圖擬合出來的導數為 $f(x)$，那麼當 $f(x)$ 的一階導數 $f'(x)$ 大於 0 時，此時股票是上漲的。但是有的股票雖然在上漲，其實已經快要到達開始下跌的轉折點，或是剛剛經歷了反彈，目前上漲的幅度還很小，這些就都無法從一階導數 $f'(x)$ 看出來。

如右頁圖表 5-7 所示，兩條曲線交會於 A、B 兩點，但它們的上

漲趨勢顯然不同。在前半段時，上方曲線的漲勢較好，也就是數學中的斜率較大，但後半段的漲勢不太理想，我們甚至可以預測，到了 B 點之後可能會出現下降趨勢，如果是在後半段買進上方曲線代表的股票，就很可能賠本。

　　上方曲線到達 B 點之後，到底會不會下降，不能憑感覺而論，需要透過數學計算來證明，這條曲線所代表的股票到底值不值得買。這裡就要引入函數的另一個概念——函數的凸凹性和反曲點（Inflection point）。

圖表5-7

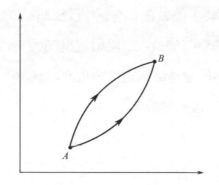

　　如果說函數的單調遞增代表股票上漲，單調遞減代表股票下跌，那麼函數的凸凹性和反曲點，則分別代表股票上漲或下跌所處的階段。如下頁圖表 5-8 所示，A 是這段曲線中的一個極大值，B 是極小值，如果用 x_A 和 x_B 分別表示 A、B 兩點的橫座標，則有：

$$f''(x_A) < 0, \quad f''(x_B) > 0$$

圖表5-8

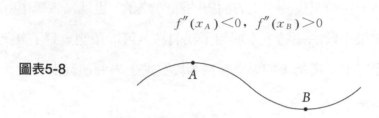

這是用二階導數判斷極大值和極小值而來的。如果某一函數有一階導數和二階導數，那麼它極大值附近的圖像應該是凸起的，極小值附近的圖像應是凹陷的。

所以，即使不透過證明，也可以很清楚看到：

當 $f''(x_0) < 0$ 時，函數在 x_0 點附近是凸的；

當 $f''(x_0) > 0$ 時，函數在 x_0 點附近是凹的。

如果想知道為什麼是這個結果，也非常簡單，只需要畫出和圖表5-9 一樣的圖，就可以輕鬆證明了。

圖表5-9

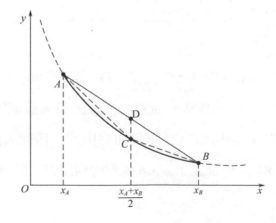

$\overset{\frown}{ACB}$ 是 $f(x)$ 函數的一部分，如果想證明該函數在 $\overset{\frown}{ACB}$ 這一段是凹的，首先要連接 A、B 兩點，再取這條線段的中點，然後向 x 軸做一條通過中點的垂直線，垂直線與 $\overset{\frown}{ACB}$ 相交於點 C。這樣一來，「證明函數 $f(x)$ 在 $\overset{\frown}{ACB}$ 這一段是凹的」，就被轉換成「證明點 C 的縱座標小於 AB 中點 D 的縱座標」。

如果把 A 點的橫座標用小寫字母 a 表示，把 B 點的橫座標用小寫字母 b 表示，C 點的橫座標用小寫字母 c 表示，根據上一章學過的拉格朗日均值定理，就可以寫出下列式子：

$$\frac{f(c)-f(a)}{c-a}=f'[a+k_1(c-a)]$$

$$\frac{f(b)-f(c)}{b-c}=f'[c+k_2(b-c)]$$

這裡的 k_1 和 k_2 都代表一個在 0 到 1 之間的係數，它們和 c 組合在一起，表示的是在 $A{\to}C$ 和 $C{\to}B$ 這一區間內的某個值，換句話說，這就是把拉格朗日均值定理的文字描述應用到計算中。

凸凹性判斷方法

有些讀者可能會好奇，為什麼根據拉格朗日均值定理，就能寫出 $\frac{f(c)-f(a)}{c-a}=f'[a+k_1(c-a)]$ 和 $\frac{f(b)-f(c)}{b-c}=f'[c+k_2(b-c)]$ 這樣

的公式？

之前提到的，表示拉格朗日均值定理的公式是：

$$\frac{f(b)-f(a)}{b-a}=f'(\xi)$$

當時我們需要特別聲明：ξ 是在 a、b 之間某一個還沒有確定的點。但如果不使用 ξ，還能不能表示拉格朗日均值定理？答案是當然可以，只需要這樣寫就行了：

$$\frac{f(b)-f(a)}{b-a}=f'[a+k(b-a)]$$

這裡的 k 是在 0 到 1 之間的係數。當 $k=0$ 時，就有 $f'[a+k(b-a)]=f'(a)$；當 $k=1$ 的時候，就有 $f'(a+b-a)=f'(b)$。這樣一來，就可以用 $a+k(b-a)$ 來表示 ξ 了。

因此，能夠寫出 $\frac{f(c)-f(a)}{c-a}=f'[a+k_1(c-a)]$ 和 $\frac{f(b)-f(c)}{b-c}=f'[c+k_2(b-c)]$ 這樣的公式，也就不稀奇了。

我們已經搞清楚了為什麼有：

$$\frac{f(c)-f(a)}{c-a}=f'[a+k_1(c-a)]$$

$$\frac{f(b)-f(c)}{b-c}=f'[c+k_2(b-c)]$$

　　若 C 點在水平方向是中點這樣的特殊位置，可知 $c\text{-}a\text{=}b\text{-}c$。如果將兩個算式相減，可得：

$$\frac{f(a)+f(b)-2f(c)}{b-c}=f'[c+k_2(b-c)]-f'[c-k_1(b-c)]$$

　　對於等式右側來說，$f'[c+k_2(b-c)]-f'[c-k_1(b-c)]$ 又是拉格朗日均值定理的形式，如果對其再次使用拉格朗日均值定理，上式就變為：

$$\frac{f'[c+k_2(b-c)]-f'[c-k_1(b-c)]}{b-c}=f''(x_0)(k_1+k_2)$$

　　因為 k_1 和 k_2 各代表一個在 0 到 1 之間的係數，所以 $k_1+k_2>0$。而 $b\text{-}c>0$，所以當 $f''(x_0)>0$ 時：

$$f'[c+k_2(b-c)]-f'[c-k_1(b-c)]>0$$

由於：

$$\frac{f(a)+f(b)-2f(c)}{b-c}=f'[c+k_2(b-c)]-f'[c-k_1(b-c)]$$ 且 $b\text{-}c>0$

可以推知：

$$f(a)+f(b)-2f(c)>0$$

於是就有：

$$\frac{f(a)+f(b)}{2} > f(c)$$

而且 $\frac{f(a)+f(b)}{2}$ 表示的正是 A、B 中點的縱座標，$f(c)$ 表示的也正是 C 點的縱座標，故可以證明，「當 $f''(x_0) > 0$ 時，函數在 x_0 點附近是凹的」。

這樣一來，就可以根據股票走勢圖呈現出來的凸凹性，判斷它到底是剛剛開始反彈，還是雖然在漲，但是已經快要達到極大值，馬上就要開始下跌了。但股票具體是漲是跌，也不能只憑計算，還是需要結合實踐經驗。

請試著使用拉格朗日均值定理證明：當 $f''(x_0) < 0$ 時，函數在 x_0 點附近是凸的，並配合圖 5-11 說明。

圖表5-11

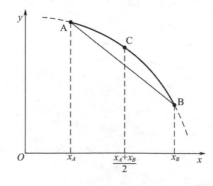

第6章

橋洞設計與不定積分

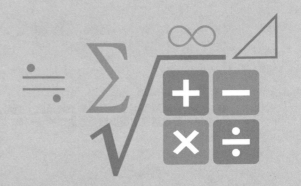

　　隋朝著名工匠李春，因為設計並建造趙州橋而名揚海內外。趙州橋建於至今一千四百多年前，是現存最早、保存最完好的古代單孔敞肩石拱橋。趙州橋經歷過了 8 次地震的考驗，還依然安然無恙的屹立在清水河之上。這一章我們就來探討一下，像趙州橋這樣的單孔石拱橋的橋洞是如何設計的。

沒有準確座標的曲線擬合法

　　我們可以把橋洞抽象成圖表 6-1 中的圖形，但並不能像第 5 章那樣擬合出這樣一條曲線，因為這條曲線並非板條線。換句話說，我們無法得知這條曲線上面任何一個點的座標（因為橋洞必須在建造之前就先完成設計，所以認定它無法準確測量座標）。因此，可以透過另一種方法寫出它大致的公式解[1]。

圖表6-1

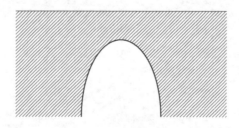

---

[1] 大致的公式解並不是指公式解不夠精確，而是由於橋洞的高矮和寬度，都需要經過實地測量才能決定。所以這裡把需要測量才決定的資料都以字母來表示，這一章會提出一種可供參考的橋洞設計模型。

經過仔細觀察圖表 6-1（或是實際的石拱橋），可以認為這條曲線的斜率是均勻變化的，從非常接近＋∞（正無窮）的一個值，一直線性減小 ❷ 到非常接近－∞（負無窮）的另外一個值。如果把它的斜率變化寫成函數，則為：

$$f(x)=kx$$

為什麼不是 $f(x)=kx+b$，而是 $f(x)=kx$？因為一般來說，橋洞位於橋的正中間，並且橋洞最高處的斜率應該恰好是 0，以一般生活用語來說，就是橋洞的最高處應該恰好是水平的，這樣 b 的值就為 0，所以省略不寫。如果是類似於十七孔橋那樣的多孔橋，就應該分別計算每一個橋洞，這時 b 的值不全部都為 0，就要寫成 $f(x)=kx+b$。

這時要做導數的逆運算，就是在第 4 章說過的、把導數反推回去的運算。這種運算叫做「不定積分」，用數學語言表達為：

$$F(x)=\int f(x)\,\mathrm{d}x$$

上式的涵義為 $F'(x)=f(x)$。因此，雖然事先並不知道 $F(x)$，但只要知道它的導數 $f(x)$，就能反推出 $F'(x)$。此外，$\int$ 是計算不定積

---

❷ 實際上是指以一次函數的形式減小。

分的符號，只有一個 $\int$ ❸ 是因為需要倒推的函數和原函數求一階導數得來的，而 dx 是指之前求導時，是對 $F(x)$ 中的 x 求導數。

這些說明主要用於區分多元函數中的偏導數和偏微分。偏導數的情況在附錄 4 中有簡單的介紹，這裡不再贅述。

接下來可以按照第 4 章的思路，把 $f(x)=kx$ 倒推回去，得到：

$$F(x) = \frac{k}{2}x^2 + 任意常數$$

這裡多引入了「任意常數」的概念，因為對任意一個常數求導後，結果都為 0，所以如果不寫上任意常數，就會引起爭議，為了更清楚表示這種情況，就在已經倒推回去的式子後面加上任意常數，不過這個常數可以是正數，也可以是負數，還可以是 0。

因每次都要寫「任意常數」4 個字太麻煩，而微積分又其實是一種「懶人數學」，所以就把任意常數寫成字母 C，於是上式就會變為：

$$F(x) = \frac{k}{2}x^2 + C$$

❸ 本書中不討論重積分的情況。

初識積分表

現在已經知道不定積分就是把導數倒著推回去，積分是微分的逆運算，接下來，就可以順利從已知的導數公式推導出積分公式。下列是在計算過程中較為常用的 13 個公式，也叫做基本積分表。

1. $\int k \, \mathrm{d}x = kx + C$（$k$ 是常數）

2. $\int x^n \, \mathrm{d}x = \dfrac{x^{n+1}}{n+1} + C$（$n \neq -1$）

3. $\int x^{-1} \, \mathrm{d}x = \int \dfrac{1}{x} \, \mathrm{d}x = \ln|x| + C$

4. $\int \dfrac{1}{1+x^2} \, \mathrm{d}x = \arctan x + C$

5. $\int \dfrac{1}{\sqrt{1-x^2}} \, \mathrm{d}x = \arcsin x + C$

6. $\int \cos x \, \mathrm{d}x = \sin x + C$

7. $\int \sin x \, \mathrm{d}x = -\cos x + C$

8. $\int \sec^2 x \, \mathrm{d}x = \int \dfrac{1}{\cos^2 x} \, \mathrm{d}x = \tan x + C$

9. $\int \csc^2 x \, \mathrm{d}x = \int \dfrac{1}{\sin^2 x} \, \mathrm{d}x = -\cot x + C$

10. $\int \sec x \tan x \, \mathrm{d}x = \sec x + C$

11. $\int \csc x \cot x \, \mathrm{d}x = -\csc x + C$

12. $\int \mathrm{e}^x \, \mathrm{d}x = \mathrm{e}^x + C$

13. $\int a^x \, \mathrm{d}x = \dfrac{a^x}{\ln a} + C$

由於之後的內容也會經常用到指數運算和三角運算，所以這部分的積分表會收錄在附錄 3 中。這些公式大都是根據導數公式倒退回去的，無需再次驗證就可以使用。

導來導去回到原型的不定積分

由不定積分的定義可以發現，它有一個有趣又實用的特質，首先，在不定積分中一定有 $F'(x)=f(x)$，換句話說，$F(x)$ 實際上是 $f(x)$ 的原函數。將以上敘述寫成不定積分的形式，則為：

$$\int f(x)\,\mathrm{d}x = F(x)+C，其中 C 是任意常數。$$

於是我們得知，$\int f(x)\,\mathrm{d}x$ 是 $f(x)$ 的原函數之一。為了使後續表達得更簡單明瞭，常會省略不寫任意常數，但如果要求嚴謹，仍可以加上。

我們再對 $\int f(x)\,\mathrm{d}x$ 求導，可得：

$$\frac{\mathrm{d}}{\mathrm{d}x}[\int f(x)\,\mathrm{d}x] = f(x)$$

看完這個式子，大家會恍然大悟：原來先積分再求導，導來導去等於什麼都沒做啊！但不只如此，下一步才是見證奇蹟的時刻，我們在 $\frac{\mathrm{d}}{\mathrm{d}x}\left[\int f(x)\,\mathrm{d}x\right] = f(x)$ 的兩邊同乘以 $\mathrm{d}x$，就可以得到：

$$\mathrm{d}\left[\int f(x)\,\mathrm{d}x\right] = f(x)\,\mathrm{d}x$$

再改寫為：

$$\mathrm{d}F(x) = f(x)\,\mathrm{d}x$$

根據模組化的思考，可以將上式巧記為：

$$\mathrm{d}[\,模組\,] = [\,模組的導\,]\mathrm{d}x$$

這裡的「模組」可以是任意的運算式，也可以是同一運算式的導數。因此，上式也經常被寫成下面這種形式：

$$\mathrm{d}f(x) = f'(x)\,\mathrm{d}x$$

證明積分公式的代換法

細心的讀者一定會發現，如果所有的積分公式，都用把導數倒推回去的方法推算，似乎是個極龐大的工程，所以下面就來介紹兩種推導積分公式的方法——第一類代換法和第二類代換法。

假如 $f(x_1)$ 有原函數，它的原函數是 $F(x_1)$，用數學語言可以表達為：

$$F'(x_1) = f(x_1)$$

如果用本章中的積分符號表示，則為：

$$\int f(x_1)\, \mathrm{d}x_1 = F(x_1) + C$$

這時我們再假設 x_1 是中間變數， $x_1 = g(x_2)$ 且 $g(x_2)$ 可微。以下的推導有點像是複合函數的求導過程，可以類比為複合函數的求導，寫出下面的數學運算式：

$$\int f[g(x_2)]\, g'(x_2)\, \mathrm{d}x_2 = F[g(x_2)] + C = \int f(x_1)\, \mathrm{d}x_1$$

到此可以認為，代換法是複合函數求導的逆過程。用數學語言表達則為：

$$\int f[g(x_2)]\, g'(x_2)\, \mathrm{d}x_2 = \int f(x_1)\, \mathrm{d}x_1$$

上式被稱為第一類代換法，它經常被用於一眼就能看出是否符合代換條件的複雜積分。但是有時無法馬上看出某個積分是否可以寫成 $\int f[g(x)]\, g'(x)\, \mathrm{d}x$ 的形式，此時就需要用另外的一種代換法：要把原本的 $\int f(x)\, \mathrm{d}x$ 轉換為 $\int f[g(x)]\, g'(x)\, \mathrm{d}x$ 的形式。

如果需要處理的積分是 $\int f(x)\, \mathrm{d}x$，就要設 $x = g(x_0)$，但這個 $g(x_0)$ 不是隨便設的，它需要滿足一些前提條件，才能保證經過轉換後的式子和原來的 $\int f(x)\, \mathrm{d}x$ 一模一樣：首先，$g(x_0)$ 必須是單調可導的，這樣才能進行轉換；其次，$g(x_0)$ 不可以是定值，因為原來的

x 是一個變化的量，所以讓 $g(x_0)$ 不是定值，是為了保證轉換前後的式子一致。

這樣一轉換就變成了：

$$\int f(x)\,\mathrm{d}x = \int f[g(x_0)]\,g'(x_0)\,\mathrm{d}x_0$$

但是這樣又出現問題：之前是對 x 做積分，轉換後卻變成是對 x_0 做積分。不用著急，這時只要把 $\int f[g(x_0)]\,g'(x_0)\,\mathrm{d}x_0$ 的 x_0 用 $g(x_0)$ 的反函數 $x_0 = g^{-1}(x)$ 代回去就可以了。這就叫做第二類代換法。

更簡單的積分計算方法——分部積分法

如果嘗試自己推導附錄 3 中的所有積分公式，就會發現三個問題：第一個是，並非所有公式都可以靠變數代換法和倒推這兩種方法推導出來；第二個是，在計算過程中總會遇到各種不方便的情況；第三個是，有時不得不計算類似 $\int x\,\mathrm{d}x^2$ 這樣的積分式。所以接下來要介紹真正能讓積分計算變簡單的方法——分部積分法。

假設要計算的積分是 $\int f(x)\,dg(x)$，首先要確定的是，$f(x)$ 和 $g(x)$ 都是具有連續導數的函數。

接下來引入導數的乘法法則，則有 $[f(x)g(x)]' = f'(x)g(x) + f(x)g'(x)$。

移項後變成：

$$f(x)g'(x) = [f(x)g(x)]' - f'(x)g(x)$$

這裡本來應該把導數的乘法法則反推回去，但是可以運用一個小技巧來偷懶，就是只需要把兩邊求不定積分就可以了。於是上式就會變成：

$$\int f(x)g'(x)\,\mathrm{d}x = f(x)g(x) - \int g(x)f'(x)\,\mathrm{d}x$$

整理之後則有：

$$\int f(x)\,dg(x) = f(x)g(x) - \int g(x)\,df(x)$$

現在來檢驗一下 $\int f(x)\,dg(x) = f(x)g(x) - \int g(x)\,df(x)$ 的正確性，就拿 $\int x\,\mathrm{d}x^2$ 來舉例。

如果不使用分部積分法，則應借助不定積分的性質：$df(x) = f'(x)\,\mathrm{d}x$ 來計算：

$$\int x\,\mathrm{d}x^2 = \int x \cdot (x^2)'\,\mathrm{d}x = \int x \cdot (2x)\,\mathrm{d}x = \int 2x^2\,\mathrm{d}x$$

$$= 2\int x^2\,\mathrm{d}x = 2 \cdot \left(\frac{1}{3} \cdot x^3\right) + C = \frac{2x^3}{3} + C$$

如果使用分部積分法，則有：

$$\int x \, \mathrm{d}x^2 = x \cdot x^2 - \int x^2 \, \mathrm{d}x = x^3 - \frac{1}{3}x^3 + C = \frac{2x^3}{3} + C$$

由此不難發現，在微積分的領域中，解決同一個問題往往有多種方法。

微積分的樂趣——一題多解

求極限 $\lim\limits_{x \to 0} \dfrac{\cos(\sin x) - \cos x}{x^4}$ 的值，是很常見的題目，解決這個問題的常規方法，應該是使用第 4 章介紹過的泰勒展開進行變形。泰勒展開為：

$$f(x) = \frac{x_0}{0!} + \frac{f'(x_0)}{1!} + \frac{f''(x_0)}{2!} + \frac{f'''(x_0)}{3!} + \cdots + \frac{f^{(n)}(x_0)}{n!}$$

即是把 $\cos(\sin x)$ 和 $\cos x$ 都代入泰勒展開，先求出近似值後再進行計算。

但是這種方法對於初學者來說太複雜。如果說使用泰勒展開是把窗戶關起來避免噪音，那麼使用羅必達法則，就等於是和工人商量適合的施工時間，來達到即能施工又能避免噪音兩全其美的方法。雖然使用羅必達法則比較麻煩，但是它的效率和直接，卻普遍受到認可和

歡迎。

首先，羅必達法則可以表示為：

$$\lim_{x \to a} \frac{f(x)}{F(x)} = \lim_{x \to a} \frac{f'(x)}{F'(x)}$$

這是我們在學習不定積分之前的表達方式，在這個公式中，$f(x)$ 和 $F(x)$ 代表兩個完全不同的函數。然而，在學習過不定積分之後，$F(x)$ 通常用於表達 $f(x)$ 的原函數。但在羅必達法則的運算式中，$F(x)$ 並不一定是 $f(x)$ 的原函數。所以，通常把 $F(x)$ 寫成 $g(x)$ 以示區別。

這樣羅必達法則的運算式就變成了：

$$\lim_{x \to a} \frac{f(x)}{g(x)} = \lim_{x \to a} \frac{f'(x)}{g'(x)}$$

因為 $\lim_{x \to 0} \dfrac{\cos(\sin x) - \cos x}{x^4}$ 是 0:0 的類型，我們無法直接計算這種極限，此時就需要將其轉化，直到轉化成不是 0:0 型之後，再把 $x \to 0$ 代入式子，這樣才能直接計算。

因此對於 $\lim_{x \to 0} \dfrac{\cos(\sin x) - \cos x}{x^4}$，就可以這樣來設：

設 $f(x) = \cos(\sin x) - \cos x$

$g(x) = x^4$

這樣很容易就會發現，$g(x)$ 在求 4 階導數之後是一個常數，這樣一來 $\lim_{x \to 0} \dfrac{\cos(\sin x) - \cos x}{x^4}$ 就不是 0:0 型了。所以，$\lim_{x \to 0} \dfrac{\cos(\sin x) - \cos x}{x^4}$

就可以被轉化成：

$$\frac{1}{24}\lim_{x\to 0}f^{(4)}(x)$$

　　到這裡，大家可能會有兩個疑問：一是為什麼 $g^{(4)}(x)=24$ ；二是 $\lim_{x\to 0}\dfrac{\cos(\sin x)-\cos x}{x^4}$ 為什麼可以寫成 $\dfrac{1}{24}\lim_{x\to 0}f^{(4)}(x)$ 。實際上，這兩個問題在第 2 章已經介紹過一些概念，但是在這裡，的確是這本書第一次講到高階導數。所以，讓我們一起來看看如何求高階導數。

　　高階導數的求法，和第 2 章介紹過的一階導數求法一樣，簡言之，二階導數就是把一階導數當成一個函數再次求導，三階導數就是把二階導數當成一個函數再次求導，四階導數就是把三階導數當成一個函數再次求導，以此類推。N 階導數就是把 N-1 階導數當成一個函數再次求導。

　　這樣一來就有 $g^{(4)}(x)=[g'''(x)]'$、$g'''(x)=[g''(x)]'$、$g''(x)=[g'(x)]'$。也就是說，只要對 $g(x)$ 連續求四次導數就可以了。因為 $g(x)=x^4$，所以有：

$$g'(x)=4\cdot x^3$$
$$g''(x)=4\cdot 3\cdot x^2=12\cdot x^2$$
$$g'''(x)=12\cdot 2\cdot x=24x$$
$$g^{(4)}(x)=24$$

到此我們已經明白為什麼 $g^{(4)}(x)=24$ 了，但還有另一個棘手的

問題，就是為什麼 $\lim\limits_{x\to 0}\dfrac{\cos(\sin x)-\cos x}{x^4}=\dfrac{1}{24}\lim\limits_{x\to 0}f^{(4)}(x)$。

這個問題其實比第一個問題還容易解決，只要回顧一下第 4 章介紹的羅必達法則，就會發現其中奧祕。因為羅必達法則除了可以寫成 $\lim\limits_{x\to a}\dfrac{f(x)}{g(x)}=\lim\limits_{x\to a}\dfrac{f'(x)}{g'(x)}$ 之外，也適用於把求出的一階導數當成原來的函數再次求導。所以在對 $g(x)$ 求四階導數後，該極限不再是無法計算的 0:0 型了。同時，我們也要對 $f(x)$ 求四階導數。這樣一來，由於 $f(x)=\cos(\sin x)-\cos x$，$g(x)=x^4$，就可以把 $\lim\limits_{x\to 0}\dfrac{\cos(\sin x)-\cos x}{x^4}$ 寫成 $\lim\limits_{x\to 0}\dfrac{f(x)}{g(x)}$。如果不習慣 $f(x)=\cos(\sin x)-\cos x$ 和 $g(x)=x^4$ 這樣的數學表達，還可以改用文字描述為：

用 $f(x)$ 代替 $\cos(\sin x)-\cos x$，並用 $g(x)$ 代替 x^4。

所以該極限可以進一步寫成：

$$\lim_{x\to 0}\frac{\cos(\sin x)-\cos x}{x^4}=\lim_{x\to 0}\frac{f(x)}{g(x)}=\lim_{x\to 0}\frac{f'(x)}{g'(x)}$$

$$=\lim_{x\to 0}\frac{f''(x)}{g''(x)}=\lim_{x\to 0}\frac{f'''(x)}{g'''(x)}=\lim_{x\to 0}\frac{f^{(4)}(x)}{g^{(4)}(x)}$$

又因為 $g^{(4)}(x)=24$，所以 $\lim\limits_{x\to 0}\dfrac{f^{(4)}(x)}{g^{(4)}(x)}=\lim\limits_{x\to 0}\dfrac{f^{(4)}(x)}{24}$。

此外，根據極限的運算規律，可以把常數的部分「拿出來」，這樣公式就變成了：

$$\lim_{x\to 0}\frac{\cos(\sin x)-\cos x}{x^4}=\frac{1}{24}\lim_{x\to 0}f^{(4)}(x)$$

現在只需要求 $f^{(4)}(x)$ 就可以了。首先要觀察 $f(x)$ 的特點：

$$f(x) = \cos(\sin x) - \cos x$$

根據導數運算的加減法則可知：

$$f^{(4)}(x) = [\cos(\sin x)]^{(4)} - \cos^{(4)} x$$

顯然，$[\cos(\sin x)]^{(4)}$ 比較複雜，而 $\cos^{(4)} x$ 則比較簡單。為了避免寫一個非常長的式子把自己搞混，我們先來計算 $\cos^{(4)} x$，讓它別擾亂視聽。

$$\cos' x = -\sin x$$

$$\cos'' x = -\cos x$$

$$\cos''' x = \sin x$$

$$\cos^{(4)} x = \cos x$$

這樣導來導去反而倒回來了。因為導數運算中的加減法則，實際上是從有極限運算中的加減法則而來，所以就可以把之前的公式再次簡化：

$$\frac{1}{24} \lim_{x \to 0} f^{(4)}(x) = \frac{1}{24} \{ \lim_{x \to 0} [\cos(\sin x)]^{(4)} - \lim_{x \to 0} \cos^{(4)} x \}$$

$$= \frac{1}{24} \{ \lim_{x \to 0} [\cos(\sin x)]^{(4)} - \lim_{x \to 0} \cos x \}$$

$$= \frac{1}{24} \{ \lim_{x \to 0} [\cos(\sin x)]^{(4)} - \cos(0) \}$$

$$= \frac{1}{24} \{ \lim_{x \to 0} [\cos(\sin x)]^{(4)} - 1 \}$$

接下來只需要計算比較複雜的 $[\cos(\sin x)]^{(4)}$，不過只要找對方法，這部分的計算也不算太困難。

首先要求 $\cos(\sin x)$ 的一階導數，應該被寫成：

$$[\cos(\sin x)]' = -\sin(\sin x) \cdot \cos x$$

求導之後會有一個非常明顯的乘法，這顯然是由於運用了複合函數的求導法則而來的。在求高階導數的過程中，最讓人興奮的，就是遇到能夠寫成乘法算式的時候，因為這樣就可以使用導數的乘法運算法則了。

導數的乘法法則除了 $(uv)' = u'v + uv'$，還有：

$(uv)'' = u''v + 2u'v' + uv''$

$(uv)''' = u'''v + 3u''v' + 3u'v'' + uv'''$

這裡可以類比為 $(a+b)^2 = a^2 + 2ab + b^2$ 和 $(a+b)^3 = a^3 + 3a^2b + 3ab^2 + b^3$ 會更好懂。在高階導數的乘法中，這個類似於完全平方公式的公式叫做「萊布尼茲公式」。高階的完全平方公式寫成：

$$(a+b)^n = \sum_{k=0}^{n} C_n^k a^{n-k} b^k$$

這裡只需要把平方改成高階導數，把 $a+b$ 改成 ab，就成了：

$$(ab)^{(n)} = \sum_{k=0}^{n} C_n^k a^{(n-k)} b^{(k)}$$

在公式中，$a^{(0)}$ 表示對 a 不求導，同樣的，$a^0 = 1$，但是在完全平方公式中通常忽略不寫。$b^{(0)}$ 和 b^0 也是相似的情況，這裡不再贅述。

所以接下來就可以把 $[-\sin(\sin x) \cdot \cos x]'''$ 寫成：

$$[-\sin(\sin x) \cdot \cos x]''' = [-\sin(\sin x)]''' \cos x + 3[-\sin(\sin x)]'' \cos' x$$
$$+ 3[-\sin(\sin x)]' \cos'' x + [-\sin(\sin x)] \cos''' x$$

現在我們先計算 $\cos' x$、$\cos'' x$ 和 $\cos''' x$，因為這部分比較好算，之前在求 $\cos x$ 的四階導數時已經求過了：

$$\cos' x = -\sin x$$
$$\cos'' x = -\cos x$$
$$\cos''' x = \sin x$$

所以 $[-\sin(\sin x) \cdot \cos x]'''$ 就變成了：

$$[-\sin(\sin x) \cdot \cos x]'''$$
$$= [-\sin(\sin x)]''' \cos x + 3[-\sin(\sin x)]'' \cdot (-\sin x) +$$
$$3[-\sin(\sin x)]' \cdot (-\cos x) + [-\sin(\sin x)] \cdot \sin x$$

　　這時候要使用一個小技巧，就是利用極限運算的性質，先計算 $x \to 0$ 時的 $\cos x$、$-\sin x$、$-\cos x$ 和 $\sin x$。因為 $-\sin 0$ 和 $\sin 0$ 的值都是 0，所以 $[-\sin(\sin x) \cdot \cos x]'''$ 一下就少了兩項；又因為 $\cos 0 = 1$，$-\cos 0 = -1$，於是又可以減少計算了。

　　經過整理之後就會得到：

$$[-\sin(\sin x) \cdot \cos x]''' = [-\sin(\sin x)]''' - 3[-\sin(\sin x)]'$$

現在可以去算 $[-\sin(\sin x)]$ 了：

$$[-\sin(\sin x)]' = -\cos(\sin x) \cdot \cos x$$

這時再次使用之前用過的技巧，得到：

$-\cos(\sin 0) \cdot \cos 0$

$= -\cos 0 \cdot \cos 0$

$= -1 \cdot 1$

$= -1$

於是：

$$[-\sin(\sin x) \cdot \cos x]''' = [-\cos(\sin x) \cdot \cos x]'' + 3$$

　　這時不要忘記，$[-\sin(\sin x) \cdot \cos x]'''$ 只是原公式的一小部分，之前一直丟下 $\cos^{(4)}$ 在 $x \to 0$ 時的值 -1 不管它，現在可以把它加上，即是：

原式＝$[-\cos(\sin x)\cdot\cos x]''+3-1=[-\cos(\sin x)\cdot\cos x]''+2$

我們發現再次出現乘法的部分，此時又可以套用萊布尼茲公式了，這次要使用的是 $(uv)''=u''v+2u'v'+uv''$，有：

$$[-\cos(\sin x)\cos x]''=[-\cos(\sin x)]''\cos x+[-\cos(\sin x)]'\cos'x+$$
$$[-\cos(\sin x)]\cos''x$$

接下來還是要先算 $\cos'x$ 和 $\cos''x$，因為它們比較好算：

$$\cos'x=-\sin x$$
$$\cos''x=-\cos x$$

然後重複剛剛的步驟，再次利用極限運算的性質進行計算。

$$-\sin 0=0$$
$$\cos 0=1$$
$$-\cos 0=-1$$

此時原式＝$[-\cos(\sin x)]''+\cos(\sin x)+2$，這裡再次利用極限運算的性質，先算 $x\to 0$ 時的情況，就有 $\cos(\sin 0)=\cos 0=1$。

於是：

原式＝$[-\cos(\sin x)]''+3$

由於：$[-\cos(\sin x)]'=\sin(\sin x)\cdot\cos x$

$$[-\cos(\sin x)]'' = \cos(\sin x) \cdot \cos x \cdot \cos x + \sin(\sin x) \cdot (-\sin x)$$

這下只剩下 $x \to 0$ 的情況還沒算，於是有：

$$\cos(\sin 0) \cdot \cos 0 \cdot \cos 0 + \sin(\sin 0) \cdot (-\sin 0) = \cos 0 \cdot 1 \cdot 1 + 0 = 1$$

最後，原式 $= 1 + 3 = 4$，即 $\lim\limits_{x \to 0} f^{(4)}(x) = 4$。

所以 $\lim\limits_{x \to 0} \dfrac{\cos(\sin x) - \cos x}{x^4} = \dfrac{1}{24} \lim\limits_{x \to 0} f^{(4)}(x) = \dfrac{1}{6}$。

思考題

　　想想看，像十七孔橋那樣的多孔橋，應該怎樣設計橋洞？假如河水的流速是 v，那麼一天會有多少河水流過橋洞？

圖表6-2　十七孔橋

數學視野
活在美麗境界裡的數學家

約翰·奈許

　　約翰·奈許（John Nash）是美國著名的經濟學家、博弈論創始人，他先後擔任過麻省理工學院助教、普林斯頓大學數學系教授，主要研究博弈論、微分幾何學和偏微分方程，1994 年獲得諾貝爾經濟學獎。

　　奈許在 1957 年時和艾莉西亞結婚，不幸的是，奈許從 1958 年起開始有些精神失常。幾年後，艾莉西亞無法忍受繼續在奈許疾病的陰影下生活，決定和他離婚，但艾莉西亞並沒有離開，而是選擇繼續照顧前夫和兒子。1970 年，奈許在輾轉於幾家精神病院之後，病情逐漸得到了控制。

　　1994 年時，奈許和另外兩位博弈論學家——匈牙利經濟學家夏仙義·亞諾什·卡羅伊（Harsányi János Károly）及德國數學家賴因哈德·塞爾滕（Reinhard Selten），共同獲得諾貝爾經濟學獎。

　　2001 年，患難與共的艾莉西亞與奈許再次結婚，但好景不長，

兩人在 2015 年因車禍雙雙去世。

如果想了解奈許的生平事蹟，可以欣賞電影《美麗境界》（*A Beautiful Mind*），影片以奈許為原型，講述了他雖然患有精神疾病，卻能夠在博弈論和微分幾何學領域潛心研究，最終獲得諾貝爾經濟學獎的感人故事。

加油添醋
複數的四則運算

　　一直以來，我們認識到的數都是實數範圍，但是在實數範圍之內，仍然有一些無法解釋的數學問題和數學現象。其中一個就是無法計算出方程式 $x^2 = -1$ 的解。正因為如此，才需要將數的範圍再擴大，如圖表 6-4 所示。

圖表6-4

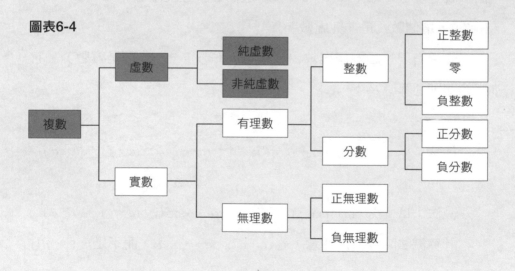

　　我們把方程式 $x^2 = -1$ 的解的值稱為「虛數」，字面意思就是「不清楚的數」。由虛數和實數構成的數的範圍叫做「複數」，國中

數學就有教過，所有的實數可以用一條軸線來表示。

　　雖然虛數和實數不一樣，但也可以用一條特殊的軸線來表示所有的虛數。由於複數包括實數和虛數兩個部分，所以要用實數軸和虛數軸共同表示，也正因需要兩條軸線來表示一個準確的數字，由兩條軸線交叉得到的，就是一個用於表示複數的平面，稱為「複數平面」。

　　由於用「$x^2 = -1$ 的解的值」這種表述不太方便，所有就用字母 i 來表示虛數，比如 $2i = 2 \cdot \sqrt{-1} = \sqrt{-4}$。需要注意的是，因為虛數是指不清楚的數，所以虛數之間只能比較是否相等，不能比較大小。

　　所有的複數都可以表示為 $a+bi$（a、b 都是實數），如果 $b=0$，這個數就是實數；如果 $a=0$，$b \neq 0$，這個數就是純虛數；如果 $a \neq 0$，$b \neq 0$，這個數就是非純虛數。

　　如果有甲、乙兩個複數 $a+bi$ 和 $c+di$（a、b、c、d 都是實數），它們的四則運算應為：

加法：甲＋乙＝$(a+bi)+(c+di)=a+bi+c+di=(a+c)+(b+d)i$

減法：甲－乙＝$(a+bi)-(c+di)=a+bi-c-di=(a-c)+(b-d)i$

　　計算減法時要特別注意，$-(c+di) = -c-di$，而不是 $-(c+di) = -c+di$。

乘法：甲 × 乙 $= (a+bi) \times (c+di) = ac+adi+cbi+bdi^2$

$$= ac+(ad+cb)i-bd = (ac-bd)+(ad+cb)i$$

因為 $i^2=-1$，所以 $bdi^2=-bd$，由此上式可以簡化為：

甲 × 乙 $= (ac-bd)+(ad+cb)i$

除法：

$$甲 \div 乙 = \frac{甲}{乙} = \frac{a+bi}{c+di} = \frac{(a+bi)(c-di)}{(c+di)(c-di)} = \frac{(a+bi)(c-di)}{c^2-d^2i^2} = \frac{(a+bi)(c-di)}{c^2+d^2}$$

$$= \frac{ac-adi+bci-bdi^2}{c^2+d^2} = \frac{ac-adi+bci+bd}{c^2+d^2} = \frac{ac+bd}{c^2+d^2} + \frac{bc-ad}{c^2+d^2}i$$

複數除法的簡化方法叫做乘以共軛複數，如果有一複數是 $a+bi$，那麼它的共軛複數就是 $a-bi$，或者說 $a+bi$ 和 $a-bi$ 互為共軛複數。

在複變函數等領域中，複數和複數平面的應用很廣泛，深入了解複數，對於學習高等數學會很有幫助。

第 7 章

做一件衣服要用多少布？
計算曲邊梯形面積

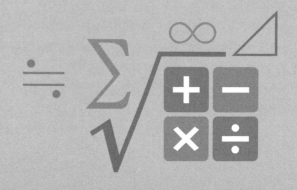

　　隨著 DIY 興起，自己做點心、釘一個工具箱之類的事情，越來越普遍了。如果想自己做一件衣服要怎麼做？需要用到多少布？在這一章中，就要討論做一件衣服和定積分的關係。

不定積分──把分割成小段的東西求和

　　上一章已經討論過不定積分。不定積分的運算式可以寫成：

$$F(x) = \int f(x)\, \mathrm{d}x$$

　　這裡的 $F(x)$ 是函數 $f(x)$ 的原函數。換句話說，$f(x)$ 是 $F(x)$ 的導數 ❶，用數學來表達即是：

$$F'(x) = f(x)$$

　　這樣一來，如果我們令 $y = F(x)$，則有：

$$F(x) = \int F'(x)\, \mathrm{d}x$$

$$y = \int y'\, \mathrm{d}x$$

---

❶ 這裡實際上是指導函數，但本書不特別區分導數和導函數的概念。

　　一直以來，我們都是用拉格朗日的符號系統來表示導數，也就是在函數上面加一撇，比如把 y 的導數記作 y'，把 $f(x)$ 的導數記作 $f'(x)$。現在則要使用之前介紹過的萊布尼茲的表示方法 ❷，即是把 y 的導數（對引數 x 求導）表示為 $\dfrac{\mathrm{d}y}{\mathrm{d}x}$。這樣一來，不定積分的抽象式就可以表示為：

$$y = \int \frac{\mathrm{d}y}{\mathrm{d}x}\mathrm{d}x$$

　　像「$\int$ 函數 d 某自變數」這種抽象的運算式，是把函數當成原函數對某個自變數求導的結果，再根據函數和某自變數這兩個已知資訊倒推回去的算式。

　　實際上，$\int$ 本身就是一種運算符號，它的運算優先順序 ❸ 較低。$\int$ 是由英文單字 Summation（意思為總和、合計）的字首 S 演變而成的數學符號，意思是求其後方運算式的總和。

　　實際上，$y = \int \dfrac{\mathrm{d}y}{\mathrm{d}x}\mathrm{d}x$ 省略了乘號，如果不省略乘號，應該表示為 $y = \int \dfrac{\mathrm{d}y}{\mathrm{d}x} \cdot \mathrm{d}x$，這樣一來，由於 $\int$ 的運算優先順序低於乘法，所以應該先算乘法的部分，就有：

---

❷ 因為求不定積分的符號是使用萊布尼茲的符號系統，所以必須把導數和積分的符號統一為萊布尼茲的符號系統，才能解釋得通不定積分的相關問題。

❸ 運算優先順序是指運算先後順序的級別，例如「先乘除，後加減」，就是加減法的運算級別低於比乘除法，而乘除法的運算級別又低於乘方和開方。$\int$ 的運算級別比加減法高，但比乘除法低。

$$y = \int \mathrm{d}y$$

之前在第 2 章提到過，導數要表達的，是把函數圖像分割成非常小，小到被認定為直線線段的斜率，根據萊布尼茲的表示方法，斜率可表示為 $\dfrac{\mathrm{d}y}{\mathrm{d}x}$，這就是非常小的線段中，縱向差：橫向差 ❹ 的意思，而其中的 d 就是指非常小的線段。

這樣一來，我們就把不定積分的符號解釋通了，y 自然可以表示為先把它自己分割成非常小的線段（因為 y 是縱向的，所以分割成的小段是縱向的小段），再求這些小段的總和。這就是**不定積分的本質，可以將其理解為，把已經被分割成小段的東西進行求和**，但是這些小段不是已知的。而如果已知這個小段的斜率，又因為斜率是縱向差：橫向差，所以只需要用這個小段的斜率乘以橫向的小段，就可以得到縱向的小段，再對縱向的小段進行求和，可以得到 y 了。

常數 C 到底能不能省略不寫？

有些教科書會說，求不定積分之後，常數 C 可寫可不寫。在高等數學領域裡，這算是常見的誤解。一般來說，除非特殊需要，否則

---

❹ 在第 2 章中有「Δx 表示 $x - x_0$」，Δx 是橫向差的意思。

都需要在不定積分的結果後寫上「+C」，或註明結果省略常數項。

　　本書為了便於講解，有時候會省略常數項，但這並不代表常數項不存在。這種省略有一點像把 $a \cdot b$ 寫成 ab，雖然沒有寫出乘號，但仍然存在乘法計算。而在較正式的論文中，通常不能忽略常數項。

定積分——不定積分的一小片段

　　剛剛已經講過不定積分是怎麼來的，但不定積分到底表示什麼？有些讀者可能覺得，之前不是一直說，不定積分表示的是原函數嗎？那要怎麼把不定積分畫在座標系上？

　　圖表 7-1 中的 (1) 是一個一元函數，(2)～(5) 是將這個函數圖像的橫座標分成很多等長的線段，然後按照這些線段橫座標所對應的縱座標值畫出矩形。如果這些線段越分越多，分到之前一直說的「還沒來得及改變的小線段」的程度，就會說該線段的長度趨近於 0，用數學語言表述就是 $x \rightarrow 0$。

圖表7-1

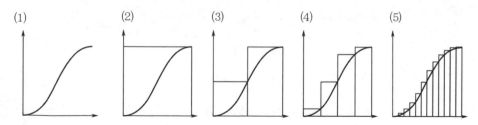

(1)　　　　(2)　　　　(3)　　　　(4)　　　　(5)

當小線段的長度趨近於 0 時，就可以用 dx 來表示它在水平方向上的長度，相對的，它垂直方向上的長度就要寫成 dy。如果 $x \to 0$，也就是函數圖像被分成無窮多的小段，它幾乎沒有橫向上的長度，但是還不完全是 0 的狀態，這時就可以認為它只有縱向上的長度。

如圖表 7-1 中的 (2)～(5) 所示，分的線段越多，這些小矩形面積的總和，就越趨近於該函數圖像和 x 軸圍成的面積。當該函數被分成無數個小線段，可以忽略橫向長度時，這個面積的總和就可以看作是函數圖像和 x 軸圍成的面積。

此外，當該函數的橫向長度趨近於 0 時，也可以認為它只有縱向長度，所以它縱向長度的總和，就可以視為函數圖像和 x 軸圍成的面積。也就是 $\int dy$ 等於此曲線圖像和 x 軸圍成的面積。

但是一般來說，不定積分都是無窮無盡的，就像若要求一個兩端能無限延伸的面的面積，或是求一條兩端能夠無限延長的線的長度，都是沒有意義的。所以數學家就發明了「定積分」。**定積分就是不定積分的一個片段，它所限制的是自變數**。在圖表 7-2 中，該定積分的範圍對應到橫座標，灰色部分就是定積分的圖示。定積分的算式可以寫成：

$$\int_a^b f(x)\, dx$$

這裡的 a、b 分別表示圖中 A 點和 B 點的橫座標，其中灰色部分

圖表7-2

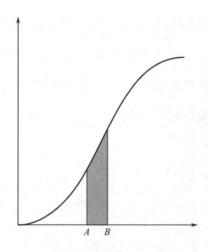

的面積，都可以用 $\int_a^b f(x)\,\mathrm{d}x$ 來表示，算式中的 a 為積分下限，b 為積分上限。

　　如果每次都使用逐一求每個點的值再加總這種笨方法，會非常麻煩，只要函數稍微複雜一點，就會束手無策，所以牛頓和萊布尼茲兩位偉大的學者便發明了「牛頓—萊布尼茲公式」，也稱為「微積分第二基本定理」，來幫忙求解定積分。

　　微積分第二基本定理可以寫成：

$$\int_a^b f(x)\,\mathrm{d}x = F(b) - F(a)$$

　　微積分第二基本定理的推導過程較為複雜，所以要用一種更簡單的方法來「想像證明」。要注意的是，這種想像證明並不是嚴謹的數

學證明，只是為了方便理解微積分第二基本定理而創造的一種證明方法。因為早在三百多年前，牛頓和萊布尼茲就已經證明過微積分第二基本定理了，所以這裡才能用這種想像證明的方法。

想想看，如果沒有積分下限，定積分會變成什麼樣子？它會不會變成圖表 7-3 這樣？

圖表7-3

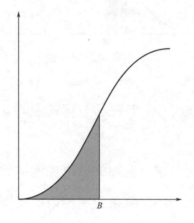

在沒有積分下限❺的前提下，這個想像出來的式子，如果能用圖表 7-3 這樣的圖像來表示，就可以認為它是在垂直方向上無法延伸的紙片。本來這張紙片可以水平的向左右兩端延伸，但此時它在積分上限（ B 點橫座標的位置）被剪了一刀，其右端不能再延伸，只能向左

---

❺ 實際上不可能沒有積分下限，這裡就是不嚴謹的證明，只是想像。

端延伸。

　　$F(b)$ 的情況如此，$F(a)$ 的情況也一模一樣，那麼 $F(b)$-$F(a)$ 就可以視為兩個紙片面積的差。雖然這兩張紙片的左端都可以無限延伸，但實際上從較左的某一點 ❻ 開始，它們是可以對齊的，這樣就能確定這個差值，即等於是在某一點（A 點的橫座標）再剪斷 $F(b)$ 表示的紙片。到此就可以得到 $\int_a^b f(x)\,\mathrm{d}x$ 表示的面積了。

　　這樣看來，微積分第二基本定理也沒有多難。但是這畢竟不是嚴謹的數學證明，「想像證明」只能用於解釋已經被前人嚴謹證明過的公式和定理，不能拿來研究新的公式或定理，有點像是第 3 章中學過的假設演繹法。

　　現在已經了解微積分第二基本定理，當然也需要記住它的抽象運算式，畢竟沒有人會想要每次使用公式前都證明一次。如果記不起來，就請一邊回憶「想像推導」的過程，一邊牢記這個算式：

$$\int_a^b f(x)\,\mathrm{d}x = F(b) - F(a)$$

$\sum$ 和 $\int$ 有什麼不一樣？

　　讀到這裡，不知大家會不會有這樣的疑問：既然已經有 Σ（西格

---

❻ 這個點實際上就是 A 點的橫座標。

瑪）作為求和的符號，為什麼萊布尼茲還要再發明 $\int$ 表示求和？另外，已經有了 Δx 和 Δy 來表示非常短的線段，萊布尼茲幹麼非要多此一舉，再發明 dx 和 dy 來表示同一個概念？

有些書上會解釋，Σ、Δx 和 Δy 是互相配合的符號，而 $\int$、dx 和 dy 是互相配合的符號。但事實並非如此，這其實是一個加法方向和宏觀與微觀視角的問題。

先來聊聊宏觀視角和微觀視角。首先，Δx 和 Δy 是在表示「宏觀上的差」。雖然它的長度非常短，但我們還是認為，只要有一把夠精準的尺，就能量出它的長度。這個概念就是宏觀上的差。

但是對於萊布尼茲發明的符號 dx 和 dy，要表達的是「微觀上非常短」，無論把尺做得多麼精確，都測量不出它的長度。

下面再來討論 Σ 和 $\int$ 的區別。這兩個符號都表示累加，有一個簡單的區分方法是：Σ 是宏觀的累加，$\int$ 是微觀的累加。但如果 $\int$ 是微觀的累加，就會無法解釋像 $\iint$ 和 $\iiint$ 這樣的符號，因此，只有從加法的角度來分析，才說得通它們的區別。

Σ 是像右頁圖表 7-4 所示，在一維方向上的橫向累加，而 $\int$ 則是像圖表 7-5 所示，是在二維平面上的累加。所以**在幾何上，Σ 的結果是長度，而 $\int$ 的結果是面積**。只有按照這樣的思考邏輯來解釋，等到函數擴展到三維甚至四維空間時，才說得清楚這些符號的概念。

如果從圖像來考慮，可以把需要加總的值想像成一些小木棍，Σ 是把這些小木棍首尾相接綁在一起，求它的長度，而 $\int$ 則是把它們並

圖表7-4

圖表7-5

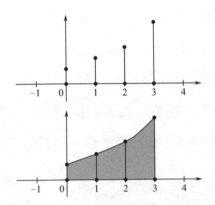

排綁在一起，求它的面積。

　　換句話說，由於一維是直線，所以累加的結果是長度；二維是平面，所以累加結果是面積；三維是空間，累加結果就應該是體積。至於四維以上的維度不在本書討論的範圍內，但以現在普遍認為四維是時空，它的累加比較難以想像。

小學學過的面積公式

　　我們從小學就開始學習計算面積，但可能大家都沒想過，這些已經熟知的面積公式是怎麼來的。比如，為什麼矩形的面積表述為長×

寬，而不是像菱形把對角線的值相乘再除以 2？如果你也很疑惑，現在就可以用定積分給這些面積公式一個合理的解釋。

首先回憶一下，數學課程中，第一個學到的面積概念是求矩形面積，我們會把一個邊長為 1 的小正方形面積稱為「單位面積」，也就是，規定一個邊長為 1 的小正方形的面積是 1。在還沒有學到定積分之前，面積公式都和這個邊長為 1、代表單位面積的小正方形相關。

任意一個矩形 ❼ ，都可以看成在長的方向上把這個小正方形擴大成 $\frac{長}{1}$ 倍，在寬的方向上擴大成 $\frac{寬}{1}$ 倍，這樣矩形的面積就可以表達如下：

$$單位面積 \times \frac{長}{1} \times \frac{寬}{1}$$

單位面積是 1，因此乘以 1 和除以 1 都可以省略不寫，這樣就得到了矩形面積的公式：

$$矩形 ＝ 長 \times 寬$$

---

❼ 在接觸分數和無理數之前，我們會用「數格子」的方法求面積，由於這個方法主要出現在小學低年級教材中，所以我們只介紹把矩形看成擴大的單位面積的求面積方法，而不再對數格子的方法進行詳細介紹。

定積分下的面積公式

現在再用定積分給這些熟知的面積公式一個更合理的解釋。

如果要用定積分表示面積公式，為了方便使用數學語言，我們假設矩形的長為 a、寬為 b，用定積分表示的矩形面積可以寫成：

$$S_{矩形} = \int_0^a f(x)\,\mathrm{d}x \quad f(x) = b$$

進一步可以寫出：

$$S_{矩形} = \int_0^a f(x)\,dx = F(a) - F(0) \quad F(x) = bx + C$$

$$S_{矩形} = F(a) - F(0) = (b \cdot a + C) - (b \cdot 0 + C)$$

$$= b \cdot a + C - 0 - C$$

$$= b \cdot a$$

根據乘法的交換律，則有：

$$S_{矩形} = b \cdot a = a \cdot b$$

這樣就明白為什麼矩形面積可以表示為長×寬了。

定積分也能求圓和橢圓的面積

和求矩形面積的公式一樣，一個圖形的全部或者一部分面積，都可以用一個函數來表示，然後對它求定積分，進而推導出面積公式，因此，這個方法也能證明圓和橢圓的面積公式。

在第 5 章時已經說明了圓的方程式，即是：

$$x^2 + y^2 = r^2$$

接下來，我們取第一象限的圓來證明圓的面積公式。需要特別注意的是，這樣計算出來的結果只是圓面積的四分之一，如圖表 7-6 所示，則有：

$$\frac{1}{4} S_{圓} = \int_0^r f(x)\, \mathrm{d}x$$

$$f(x) = \sqrt{r^2 - x^2}$$

圖表7-6

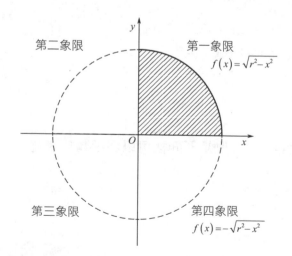

查閱附錄 3 的積分表可以得知：

$$\int \sqrt{a^2 - x^2}\,\mathrm{d}x = \frac{x}{2}\sqrt{a^2 - x^2} + \frac{a^2}{2}\arcsin\frac{x}{a} + C \quad (a > 0)$$

又因為半徑 r 一定大於 0，所以可以使用積分表中的公式，沒有問題。由此可得：

$$F(x) = \frac{x}{2}\sqrt{r^2 - x^2} + \frac{r^2}{2}\arcsin\frac{x}{r} + C$$

進一步計算 $\dfrac{1}{4}S_{圓} = \displaystyle\int_0^r f(x)\,\mathrm{d}x$，則有：

$$\int_0^r f(x)\,\mathrm{d}x = F(r) - F(0)$$

$$= \frac{r}{2}\sqrt{r^2 - r^2} + \frac{r^2}{2}\arcsin\frac{r}{r} + C - \frac{0}{2}\sqrt{r^2 - 0^2} - \frac{r^2}{2}\arcsin\frac{0}{r} - C$$

$$= \frac{r}{2}\cdot 0 + \frac{r^2}{2}\cdot\frac{\pi}{2} - 0\cdot r - 0 = \frac{r^2\pi}{4}$$

於是有 $\dfrac{1}{4}S_{圓} = \dfrac{r^2\pi}{4}$，經過整理後則有：

$$S_{圓} = r^2\pi$$

對於橢圓形的面積公式，有一種不太嚴謹的證明方法，就是把橢圓形看成一個拉伸後的圓形。也就是，可以將其視為面積為 $b^2\pi$ 的圓

沿著長軸方向拉伸 $\dfrac{a}{b}$ 倍。如此則有：

$$S_{橢圓} = \dfrac{a}{b} \cdot S_{圓} = \dfrac{a}{b} \cdot b^2\pi = ab\pi$$

若想使用定積分進行嚴謹的證明，則可參考圖示 7-7 和圓面積公式的證明，於是有：

$$\dfrac{1}{4}S_{橢圓} = \int_0^a f(x)\,\mathrm{d}x$$

圖表7-7

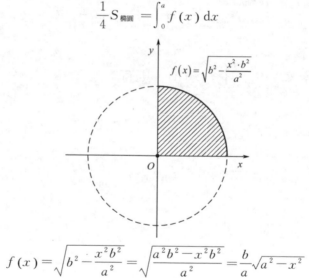

$$f(x) = \sqrt{b^2 - \dfrac{x^2 b^2}{a^2}} = \sqrt{\dfrac{a^2 b^2 - x^2 b^2}{a^2}} = \dfrac{b}{a}\sqrt{a^2 - x^2}$$

如果設 $g(x) = \sqrt{a^2 - x^2}$，相應的 $f(x) = \dfrac{b}{a} \cdot g(x)$，因此有：

$$\dfrac{1}{4}S_{橢圓} = \int_0^a f(x)\,\mathrm{d}x = F(a) - F(0)$$

$$= \dfrac{b}{a}\int_0^a g(x)\,\mathrm{d}x = \dfrac{b}{a} \cdot \dfrac{a^2\pi}{4} = \dfrac{ab\pi}{4}$$

　　由此，同樣可以輕鬆的證明出橢圓形的面積公式是 $ab\pi$。

直角三角形──平行四邊和三角形面積的基底

　　我們可以把菱形看成四個直角三角形的總和，而平行四邊形和梯形也可以看成是矩形和直角三角形的組合。對於任意一個直角三角形來說，如果選它的一條直角邊作底，並設為 d，在這條底上的高設為 h，則有：

$$S_{\text{直角三角形}} = \int_0^d f(x)\, \mathrm{d}x$$

$$f(x) = -\frac{h}{d}x + h$$

　　所以有：

$$F(x) = \int f(x)\, \mathrm{d}x = -\frac{h}{d}x^2 + hx + C$$

$$S_{\text{直角三角形}} = F(d) - F(0)$$

$$= -\frac{h}{2d} \cdot d^2 + d \cdot h + C - 0 - 0 - C$$

$$= -\frac{dh}{2} + dh$$

$$= \frac{dh}{2}$$

所以，直角三角形的面積為底×高÷2（這裡我們只證明其中一條直角邊作為底的情況）。

對於任意一個銳角三角形、以斜邊為底的直角三角形，或以鈍角所對的邊為底的鈍角三角形，其面積都可以看成兩個較小的直角三角形面積之總和；但是當鈍角三角形是以它的銳角所對的邊為底時，其面積則要看成兩個直角三角形面積的差。當然這需要一些更為嚴謹的證明。

要計算銳角三角形、以斜邊為底的直角三角形，或以鈍角所對的邊為底的鈍角三角形面積，我們可以把它畫在座標系中，如圖表 7-8 所示。

圖表7-8

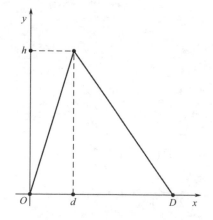

圖中三角形的高為 h，底為 D-0=D。如果用大寫 S 來表示這個三角形的面積，則有：

$$S = \int_0^d f(x)\,\mathrm{d}x + \int_d^D g(x)\,\mathrm{d}x$$

$$f(x) = \frac{h}{d}x \quad g(x) = \frac{h}{d-D}x - \frac{hD}{d-D}$$

所以就有：

$$F(x) = \frac{h}{2d}x^2 + C$$

$$G(x) = \frac{h}{2(d-D)}x^2 - \frac{hD}{d-D}x + C$$

$$S = \int_0^d f(x)\,\mathrm{d}x + \int_d^D g(x)\,\mathrm{d}x$$

$$= \frac{h}{2d}d^2 - 0 + \frac{h}{2(d-D)}D^2 - \frac{hD}{d-D}D - \frac{h}{2(d-D)}d^2 + \frac{hD}{d-D}d$$

$$= \frac{hd}{2} + \frac{h}{2(d-D)}(D^2 - d^2) + \frac{hD}{d-D}(d-D)$$

$$= \frac{hd}{2} + \frac{h}{2(d-D)}(D+d)(D-d) + hD$$

$$= \frac{hd}{2} - \frac{h}{2(D-d)}(D+d)(D-d) + hD$$

$$= \frac{hd}{2} - \frac{h(D+d)}{2} + hD$$

$$= \frac{hd}{2} - \frac{hd}{2} - \frac{hD}{2} + hD$$

$$= \frac{hD}{2}$$

　　如果要計算以某個銳角所對的邊當作底的鈍角三角形面積，則可以在座標系中畫出圖表7-9的圖像。

圖表7-9

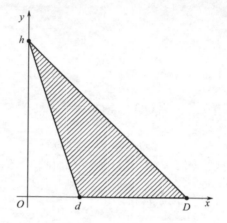

　　這個鈍角三角形的底實際上是 $D\text{-}d$，而它的高仍然是 h，如果還是用大寫 S 來表示它的面積，則有：

$$S = \int_0^D f(x)\,\mathrm{d}x - \int_0^d g(x)\,\mathrm{d}x$$

$$f(x) = -\frac{h}{D}x + h \quad g(x) = -\frac{h}{d}x + h$$

　　所以就有：

$$F(x) = -\frac{h}{2D}x^2 + hx + C$$

$$G(x) = -\frac{h}{2d}x^2 + hx + C$$

$$S = \int_0^D f(x)\,dx - \int_0^d g(x)\,dx$$

$$= \left(-\frac{h}{2D}D^2 + hD + C - 0 - 0 - C \right) - \int_0^d g(x)\,dx$$

$$= \left(-\frac{hD}{2} + hD \right) - \int_0^d g(x)\,dx$$

$$= \frac{hD}{2} - \left(-\frac{h}{2d}d^2 + hd + C - 0 - 0 - C \right)$$

$$= \frac{hD}{2} - \left(-\frac{hd}{2} + hd \right)$$

$$= \frac{hD}{2} - \frac{hd}{2}$$

$$= \frac{h(D-d)}{2}$$

但因為它的底是 $D\text{-}d$，所以算來算去，無論是哪種三角形，面積公式都可以表示為 $\dfrac{\text{底} \times \text{高}}{2}$ 。

平行四邊形面積公式推導

對一個平行四邊形來說，它的面積公式可以寫成兩個全等[8]的直角三角形和一個矩形面積的總和，如下頁圖表 7-10 所示，該平行

四邊形的底為 $b-(-a)=b+a$，高為 h [9]。

圖表7-10

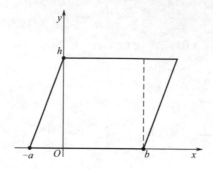

如果也用大寫 S 表示它的面積，則有：

$$S = 2 \times \int_{-a}^{0} f(x)\, dx + \int_{0}^{b} g(x)\, dx$$

$$f(x) = \frac{h}{a} \cdot x + h \quad g(x) = h$$

經過進一步計算，則有：

$$F(x) = \frac{h}{2a} \cdot x^2 + hx + C$$

$$G(x) = hx + C$$

---

[8] 兩個圖形的形狀相同、面積相等，就稱為「全等」。
[9] 實際上是 h-0，但由於 h-0=h，所以省略不寫。

$$S = 2 \cdot [F(0) - F(-a)] + [G(b) - G(0)]$$

$$= 2 \cdot \left[(0 - 0 + C) - \left(\frac{h}{2a} \cdot a^2 - ha + C \right) \right] + [G(b) - G(0)]$$

$$= -2 \cdot \left(\frac{ha}{2} - ha \right) + [hb + C - 0 - C]$$

$$= ha + hb$$

$$= (a + b)h$$

這樣就能了解，為什麼平行四邊形的面積是底×高了。

接下來，要分成兩種情況來討論梯形的面積。

圖表 7-11 和圖表 7-12 是兩種不同的梯形，圖表 7-11 是直角梯形，圖表 7-12 是非直角梯形。

圖表7-11

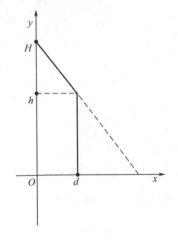

圖表7-12

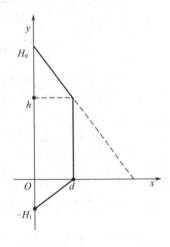

圖 7-11 所示的直角梯形面積公式，可直接使用定積分的定義來

證明：

$$S = \int_0^d f(x)\,\mathrm{d}x$$

$$f(x) = \frac{h-H}{d}x + H$$

經過進一步計算，則有：

$$F(x) = \frac{h-H}{2d}x^2 + Hx + C$$

$$S = \int_0^d f(x)\,\mathrm{d}x$$

$$= F(d) - F(0)$$

$$= \frac{h-H}{2d}d^2 + Hd + C - 0 - 0 - C$$

$$= \frac{(h-H)d}{2} + Hd$$

$$= \frac{hd}{2} + Hd - \frac{Hd}{2}$$

$$= \frac{hd}{2} + \frac{Hd}{2}$$

$$= \frac{(h+H)d}{2}$$

接下來要證明如圖表 7-12 這種一般梯形的面積公式，可以認為它的面積等於一個直角梯形加上一個直角三角形的面積。

對於直角梯形的部分，可以套用剛剛已經證明過的公式：

$$S_0 = \int_0^d f(x)\,\mathrm{d}x$$

$$f(x) = \frac{h - H_0}{d}x + H_0$$

經過進一步計算會得到：

$$S_0 = \frac{(h + H_0)d}{2}$$

再來就只需要計算直角三角形的面積：

$$S_1 = \int_0^d g(x)\,\mathrm{d}x$$

$$g(x) = \frac{H_1}{d}x - H_1$$

經過進一步的計算則有：

$$G(x) = \frac{H_1}{2d}x^2 - H_1 x + C$$

$$S_1 = \int_0^d g(x)\,\mathrm{d}x$$

$$= G(d) - G(0)$$

$$= \frac{H_1}{2d}d^2 - H_1 d + C - 0 + 0 - C$$

$$= \frac{H_1 d}{2} - H_1 d$$

$$= -\frac{H_1 d}{2}$$

這時候發生了一個奇妙的事情——面積居然出現負值！這是怎麼一回事？

其實這個問題在之前的討論已經略有涉及，因為無論 Σ 還是 $\int$，都代表累加，只不過累加的方向不同，Σ 是沿著水平方向累加，用於表示移動的距離（如果把 +3 想像成往前走 3 步，–3 就可以認為是往後退 3 步，這樣一來就等於在原地不動），而 $\int$ 是垂直方向的累加，用於表示占用的面積，+3 表示多拿 3 個紙箱，多占用 3 塊面積，–3 等於是拿走 3 個紙箱，節省了 3 塊面積。

但在計算一般梯形面積時，實際上是多加了一個三角形，並沒有節省面積，會出現這種現象，是因為這個三角形畫到了 x 軸的下方。在數學上有規定，x 軸上方的面積表示占用，x 軸下方的面積表示節省，因為這裡沒有節省面積，所以必須對 S_1 取相反數。綜合以上所述，三角形的真實面積是 S_1 的相反數，也就是三角形的真實面積是 $-S_1$，所以總面積就應該為：

$$S_{總面積} = S_0 + (-S_1) = S_0 - S_1$$

於是就有：

$$S_{總面積} = S_0 - S_1 = \frac{(h + H_0)d}{2} + \frac{H_1 d}{2} = \frac{(h + H_0 + H_1)d}{2}$$

這樣就成功證明了：無論是什麼樣的梯形面積公式，都可以寫成「（上底＋下底）×高÷2」了。

曲邊梯形的面積算法

到目前為此，我們終於把中學階段學過的所有圖形面積公式證明一遍了。接下來要學習一種新的幾何圖形——曲邊梯形。只有得到曲邊梯形的面積公式，才知道自己做衣服時到底需要多少布。

一般的梯形可以分為直角梯形和非直角梯形，而曲邊梯形也可以做類似的分類，即是直角曲邊梯形和非直角曲邊梯形。

圖表 7-13 是直角曲邊梯形，假設它的高為 h，構成它曲邊的函數是 $f(x)$，那麼它的面積應該寫成：

$$S = \int_0^h f(x)\,\mathrm{d}x$$

$$S = F(h) - F(0)$$

圖表7-13

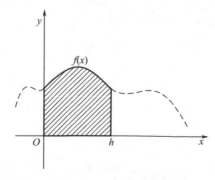

對於圖表 7-14 這種非直角曲邊梯形來說，則是：

$$S = \int_0^h f(x)\, dx - \int_0^h g(x)\, dx$$

圖表7-14

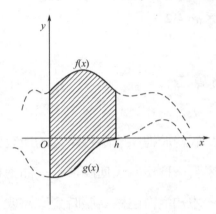

至於這裡為什麼是 $-\int_0^h g(x)\, dx$，而不是 $+\int_0^h g(x)\, dx$，在討論非直角梯形時已經提到了——$\int$ 是垂直方向的累加，用於表示占用的面積，+3 要想像成多拿來 3 個紙箱，就是多占用 3 塊面積，−3 是拿走 3 個紙箱，也就是節省 3 塊面積，由於這裡並沒有節省面積，所以應該取相反數。

經過進一步的整理則有：

$$
\begin{aligned}
S &= \int_0^h f(x)\, dx - \int_0^h g(x)\, dx \\
&= [F(h) - F(0)] - [G(h) - G(0)] \\
&= F(h) - F(0) - G(h) + G(0)
\end{aligned}
$$

值得注意的是，對於曲邊梯形來說，必須先求出曲邊曲線函數的原函數，才能代入它的面積公式，這是因為它的面積公式，無法被推導成一個簡單含有變數的數學運算式。

思考題

　　假如一件衣服可以分為前面的布（稱為前片）、後面的布（稱為後片）和兩個袖子，能不能結合目前所學，試著算出做一件衣服需要多少布？

　　如果需要使用曲邊梯形，請結合第 5 章中擬合的知識，寫出曲邊梯形上下底所在曲線對應的函數。

第 8 章

包水餃學球體，
皮是表面積，餡是體積

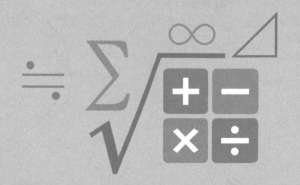

在第 3 章中，我們探索了揉麵團時會遇到的數學概念，這一章將再次走進廚房，計算包水餃需要多少餡料。如果麵皮太多、餡料太少，應該多包幾個大水餃，還是小水餃？讓我們從數學的視角解釋包水餃的科學內涵。

用圓面積算出圓周長

經過前七章的內容，大家對於數學和微積分應該已經有系統性的認識了。第 7 章討論到面積公式，對於一個平面圖形，除了求面積以外，還可以求周長。正方形、長方形、三角形、菱形、梯形和平行四邊形等，這種僅由直線構成的圖形，它們的周長是各邊邊長的總和。但是對於圓形或橢圓形這種由曲線構成的圖形，該如何求周長？

圖表 8-1 是一個半徑為 r 的圓，如果想求它的周長，可以用一種簡單的方法，即是在它的內部做一個同圓心但半徑較小的圓。小圓形的半徑，比大圓形的半徑小 dr，也就是小圓的半徑為：r-dr。

圖表8-1

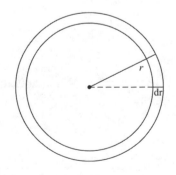

這時，如果 dr 足夠小，甚至趨近於 0，那麼大圓和小圓的面積會幾乎一樣，而大圓的周長就可以表示為：（大圓面積－小圓面積）÷ dr。

如果用數學語言表達，則有：

$$C = S_{\text{大}} - S_{\text{小}}$$

$$C = \frac{\pi r^2 - \pi (r - dr)^2}{dr}$$

如果把圓的面積公式設為 $f(x) = \pi x^2$，上式可以寫成：

$$C = \frac{f(r) - f(r - dr)}{dr}$$

又因為 dr 趨近於 0，即是 dr → 0，於是就有：

$$C = \lim_{dr \to 0} \frac{f(r) - f(r - dr)}{dr}$$

由於上式與第 2 章學過的導數算式一致，所以可以用導數來表示圓的周長，即是：

$$C = f'(r)$$

因為 $f(x) = \pi x^2$，所以 $f'(x) = 2\pi x$，圓的周長即為：

$$C=2 \pi r$$

但是這裡很快就會發現一個問題：這個算式不適用於橢圓形，也不能算出圓弧的長度。這時就需要另一種更通用的方法，來計算任意一條光滑曲線的長度。

弧長怎麼算？把曲線分成很多小直線

如圖表 8-2 所示，若要求函數 $y=f(x)$ 從 a 到 b 的長度，就需要把這條曲線分成多個可以近似為直線的小線段。每個線段兩端橫座標的差都是 dx，這樣就可以用 dy 來表示每個線段兩端縱座標的差，即有：

$$dy = f(x+dx) - f(x) = f'(x)\,dx$$

圖表8-2

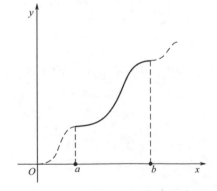

這裡省略了一個步驟，因為當 $\mathrm{d}x \to 0$ 時，有：

$$f'(x) = \frac{f(x+\mathrm{d}x) - f(x)}{\mathrm{d}x} \quad \text{❶}$$

在等式兩側同時乘以 $\mathrm{d}x$，成為：

$$f(x+\mathrm{d}x) - f(x) = f'(x)\,\mathrm{d}x$$

如果用 $\mathrm{d}s$ 表示曲線被分割成後的小線段，則可以用畢氏定理表示 $\mathrm{d}s$ 的值，即：

$$\mathrm{d}s = \sqrt{(\mathrm{d}x)^2 + (\mathrm{d}y)^2}$$

接下來把 $\mathrm{d}y = f'(x)\,\mathrm{d}x$ 代入上式，則有：

$$\mathrm{d}s = \sqrt{(\mathrm{d}x)^2 + [f'(x)\,\mathrm{d}x]^2} = \sqrt{(\mathrm{d}x)^2 + [f'(x)]^2\,(\mathrm{d}x)^2}$$

$$= \sqrt{1 + [f'(x)]^2} \cdot \mathrm{d}x$$

再用定積分計算曲線的長度 S，則有：

$$S = \int_a^b \sqrt{1 + [f'(x)]^2} \cdot \mathrm{d}x$$

❶ 這裡為了方便省略掉 $\lim\limits_{\mathrm{d}x \to 0}$。

綜合以上所述，對於函數 $f(x)$ 表示的曲線，它從 a 到 b 的長度可以用積分表示為：

$$\int_a^b \sqrt{1 + [f'(x)]^2} \cdot \mathrm{d}x$$

驗證弧長公式

因為直線也可以被認為是由無數斜率相同的小線段所組成，所以可以用比較簡單的一次函數來驗證上述運算式。

假如某一曲線對應的函數是 $f(x)=3x$，要計算它的圖像曲線在橫座標 1 到 10 之間的長度，由於已經知道這是一條直線，按照通常的做法，應該先求出起點和終點的縱座標，再分別求出橫座標差和縱座標差，然後就能用畢氏定理來算出這條線的長度。

按照這個思考邏輯，可以求出：

$$f(1)=3 \cdot 1=3 \quad f(10)=3 \cdot 10=30$$

於是有：

$$S = \sqrt{(x-x_0)^2 + [f(x)-f(x_0)]^2}$$
$$= \sqrt{(10-1)^2 + [f(10)-f(1)]^2}$$
$$= \sqrt{9^2 + [30-3]^2}$$

$$= \sqrt{81 + 27^2}$$

$$= \sqrt{810}$$

$$= 9\sqrt{10}$$

現在再用弧長公式——$\int_a^b \sqrt{1 + [f'(x)]^2} \cdot \mathrm{d}x$ 來計算。

因為 $f(x) = 3x$，則有：

$$f'(x) = 3$$

把它代入 $S = \int_a^b \sqrt{1 + [f'(x)]^2} \cdot \mathrm{d}x$，於是有：

$$S = \int_1^{10} \sqrt{1 + [f'(x)]^2} \cdot \mathrm{d}x$$

$$= \int_1^{10} \sqrt{1 + [3]^2} \cdot \mathrm{d}x$$

$$= \int_1^{10} \sqrt{10} \cdot \mathrm{d}x$$

$$= \sqrt{10} \cdot 10 - \sqrt{10} \cdot 1$$

$$= 9\sqrt{10}$$

這樣就驗證了弧長公式：$S = \int_a^b \sqrt{1 + [f'(x)]^2} \cdot \mathrm{d}x$ 的正確性。因此，它可以被用於任意一條能以 $f(x)$ 來表示的光滑曲線。

球體表面積的算法——剖成很多個圓周長

　　要計算一個立體圖形的表面積不難，像是長方體、正方體或角柱體，這些由簡單平面圖形構成的立體圖形，可以先求出它各面的面積，然後再求和；對於圓柱體和圓錐體，則可以把它的側面展開成矩形或扇形，再求它們的表面積。但是球體、橢球體這樣的立體圖形，無法直接展開成平面圖形，又該怎樣求表面積？

　　圖表 8-3 是一個球體，我們先沿著它的緯線，將它分割成多個非常薄的切片，並用 Δh 來表示每個切片的高度，那麼就有 $\Delta h \to 0$。由此就可以認定每個切片的上下面大小幾乎一樣，也就可以將它按照圓柱體側面積累加的方式來考慮。

圖表8-3

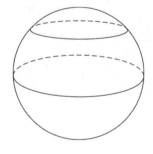

　　如果用 n 表示非常薄的切片相對於球心的位置，顯然有：

$$s_n = 2\pi \sqrt{r^2 - n^2} \cdot \frac{r}{n}$$

如果要求這個運算式的和，可以得到：

$$S = 4\pi r^2$$

定積分下的體積公式

既然已經能夠算出球體的表面積，那球體和其他立體圖形的體積又該怎麼計算？

其實，只要知道立體圖形橫截面的面積公式，就可以求出它的體積了。比如，球體的橫截面是圓形，所以橫截面面積就能寫成下面這樣的運算式，其中 x 為橫截面相對於球心的位置：

$$f(x) = \pi(r^2 - x^2)$$

我們可以用定積分來進一步推導出球體的體積公式。為了方便起見，先計算半個球的體積，再把它乘以 2，則有：

$$V = 2\int_0^r \pi(r^2 - x^2)\,\mathrm{d}x$$

$$= 2\left(\int_0^r \pi r^2\,\mathrm{d}x - \int_0^r \pi x^2\,\mathrm{d}x\right)$$

$$= 2\pi r^3 - 2\int_0^r \pi x^2\,\mathrm{d}x$$

$$= 2\pi r^3 - \frac{2}{3}\pi r^3$$

$$= \frac{6}{3}\pi r^{3} - \frac{2}{3}\pi r^{3}$$

$$= \frac{4}{3}\pi r^{3}$$

　　對於所有立體圖形來說，只要知道它橫截面的面積公式，自然就可以按照上述方法求出體積。

表面積的另一種算法

　　對於圓的周長，我們可以認為是它的面積減去和它極為相似，但稍微小一點點的圓的面積後，再除以它們半徑的差。同樣的，球體的表面積也可以認為是，它的體積減去和它極為相似、但稍微小一點點的球體的體積後，再除以它們半徑的差。前面已經證明過，按照這種方法來求圓的周長，就是對圓面積求導，相對於球體來說，球體的表面積就可以認為是對球體體積求導。

　　於是有：

$$S = V'$$

$$S = \left(\frac{4}{3}\pi r^{3}\right)' = 4\pi r^{2}$$

　　雖然，這和之前得到的結果完全一致。

不過，在求立體圖形的表面積時，常出現一個誤解——為什麼球體表面積不能表示為對圓周長的積分？

這個問題源自於，我們對圖形僅有很片面的認知——點可以組成線，線可以組成面，面可以組成體。

但是在高等數學裡，線是由極為細小的線段所組成；面是由極小的面所組成；體則是由極小的體所組成。圓周長可以被理解為極薄的平板的側面積，所以在計算時，應該對平板的側面積進行積分，而不是對橫切面的周長積分。

表面積的第三種算法——多重積分

第 1 章曾討論過多元函數，對於一元函數來說，有導數（求導）、微分、積分、泰勒展開等概念。其實多元函數也有這些概念，只不過由於多元函數不止有一個自變數，也可能會有兩個或更多個，所以多元函數中自變數和應變數之間的關係，往往比一元函數的複雜得多。大家可以查閱附錄 4 中，對多元函數微積分的介紹，來了解多元函數的微積分。

接下來要講解一種非常簡單的多重積分應用——用多重積分求球體表面積。這裡依然只計算半個球面，再把它乘以 2，進而得到整個球的表面積。

半個球面的函數公式可以寫成：

$$z = f(x, y) = \sqrt{r^2 - x^2 - y^2}$$

我們先根據附錄 4 中介紹的多元函數微積分，對函數 $f(x, y)$ 求偏導數，則有：

$$\frac{\partial z}{\partial x} = \frac{-x}{\sqrt{r^2 - x^2 - y^2}} \quad \frac{\partial z}{\partial y} = \frac{-y}{\sqrt{r^2 - x^2 - y^2}}$$

於是：

$$\sqrt{1 + \left(\frac{\partial z}{\partial x}\right)^2 + \left(\frac{\partial z}{\partial y}\right)^2} = \frac{r}{\sqrt{r^2 - x^2 - y^2}}$$

這個算式可以寫成多重積分的形式，即為：

$$S = \iint_{\text{球面}} \frac{r}{\sqrt{r^2 - x^2 - y^2}} \, dx \, dy$$

大家可以自己計算看看這個式子，最後會得到和前面算法一模一樣的結果。

水餃的皮多餡少怎麼辦？

現在大家已經可以按照第 3 章的方法來計算麵團的大小，和運用

圓面積公式計算出水餃皮的面積，再用剛剛學過的體積公式來計算需要多少餡料。但即使如此，還是會遇到包著包著餡料就不夠用了，或是快要包完時發現還剩好多餡料的狀況。

為了方便計算，可以把水餃想像成近似的球體，那麼它的體積（餡料）和表面積（水餃皮）就都可求。如果不想按照近似的球體計算，也可以自行觀察餃子的橫截面，來推導它的體積和表面積，這裡就不再贅述。

假設餡料的體積為 $\frac{4}{3}\pi \cdot 3^3 = 36\pi$，如果包成一整個大水餃，水餃皮的面積會是多少？

我們可以認為這個大水餃是半徑為 3 的球體，這樣算出來的表面積就是：

$$4\pi r^2 = 4\pi \cdot 3^2 = 36\pi$$

如果平均分配餡料，包成兩個較小的水餃，平均每個水餃會得到體積為 18π 的餡料，就可以列出以下公式來求水餃的半徑：

$$\frac{4}{3}\pi r^3 = 18\pi$$

則有：

$$r^3 = 18 \cdot \frac{3}{4}$$

$$r = \sqrt[3]{\frac{27}{2}}$$

$$r = 3 \cdot 2^{-\frac{1}{3}}$$

接下來只需要把 $r = 3 \cdot 2^{-\frac{1}{3}}$ 代入球體面積公式，但是別忘了，這裡是包成兩個水餃，所以要乘以 2。因此有：

$$S = 2 \cdot 4\pi r^2 = 8\pi (3 \cdot 2^{-\frac{1}{3}})^2 = 72\pi \cdot 2^{-\frac{2}{3}}$$

顯然，$72\pi \cdot 2^{-\frac{2}{3}} > 36\pi$。所以如果餡料太多，應該把水餃包大一點，如果餡料少了，則可以選擇把水餃子包小一些。

思考題

你覺得水滴的橫截面是什麼形狀？你能求出水滴的體積和表面積嗎？可以用什麼方式來求解並驗證？ 圖表 8-4 是一個正十二面體，有什麼方法可以求出它的體積和表面積？（提示：不一定局限於本章所講解的方法。）

圖表8-4　正十二面體

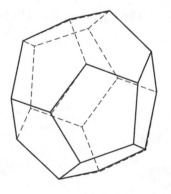

第 9 章

魚缸水壓，
是微積分與物理的結合

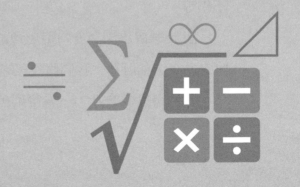

飼養觀賞魚是很多人的愛好，但是你知道嗎？很多觀賞魚對水壓和水溫都極為挑剔，所以選購一個好的魚缸，就成了能否養好觀賞魚的關鍵。在這一章中，我們就來看看怎麼選購魚缸。

水壓的計算

既然觀賞魚對於水壓、水溫及水質都極為敏感，那麼就先來討論如何計算魚缸中的水壓。

水深 h 處的壓力為：

$$p = \rho g h$$

我們把計算魚缸中的水壓，抽象成一片面積為 S 的平板，在水深 h 處所承受的水壓。當平板水平放置時，它受到的水壓為：

$$P = p \cdot S$$

但如果平板不是水平放置在水中，那麼它各處所承受的壓力 p 就不相等。

對於一個水深為 h 的矩形魚缸來說，它的側壁會承受多大的水壓？為了方便計算，我們假設魚缸的長為 a，寬為 b。

我們可以根據 $P = p \cdot S$ 得到魚缸底部受到的水壓為：

$$P = \rho g h \cdot ab$$

那麼對於它的側壁，就需要使用微積分來計算其承受到的水壓。深度為 x 的各個位置壓力都可以表示為：

$$p = \rho g x$$

在某一深度，側壁的總面積可以表示為：

$$S = 2(a+b)\,\mathrm{d}x$$

接下來就可以用定積分來求解側壁所承受的水壓：

$$dP = \rho g x \cdot 2(a+b)\,\mathrm{d}x$$

$$P = \int_{0}^{h} \rho g x \cdot 2(a+b)\,\mathrm{d}x = \rho g(a+b)\int_{0}^{h} 2x\,\mathrm{d}x$$

$$= \rho g(a+b) \cdot (h^2 - 0^2) = \rho g(a+b)h^2$$

這時會發現，實際上在非常小的範圍內受到的力是恆力，這和之前說過的，曲線在非常小的線段時可以視為直線一樣。原來數學和物理竟有如此多的相似之處！

數學是從物理而來的問題

匈牙利數學家拉克斯·彼得（Lax Péter）說：「數學和物理的關係尤其牢固，因為數學課題畢竟是一些問題，而許多數學問題是從物理而來的。不僅於此，許多數學理論正是為了處理深刻的物理問題而發展出來的。」

讓大物理學家阿爾伯特·愛因斯坦（Albert Einstein）都苦惱的是，在引力作用下，空間會發生扭曲，而歐氏幾何卻無法解決空間扭曲的問題。直到愛因斯坦了解了德國數學家伯恩哈德·黎曼（Bernhard Riemann）提出的黎曼幾何，問題才迎刃而解。

黎曼的研究為數學開闢了新的視野，幾何不再局限於平坦而線性的歐幾里得空間，他引進了更抽象、具有任意維度的空間。50 年後愛因斯坦發現，黎曼幾何剛好可以統一牛頓的重力理論和狹義相對論，也正是在有了黎曼幾何這一數學工具之後，他才順利建立了廣義相對論。

在微積分誕生之前的世界，絕大多數的研究都是靜態、恆定的。變力作功❶的問題，在發明微積分之前，曾是物理學家最難解決的問題。在十七世紀，很多科學家都已經意識到世界是動態、持續發展

---

❶ 編按：「功」是物理學中表示力量在位移過程中累積的物理量。

的。但是對於這種動態問題，他們並沒有很好的解決工具，直到微積分出現。因為微積分不僅是動態的數學，也是解決動態物理問題的理想工具。

　　十七世紀初，德國天文學家約翰尼斯・克卜勒（Johannes Kepler）提出了他的行星運動三定律，但是由於他不了解動態的數學，所以只能把克卜勒第二定律表述成：「行星和太陽的連線，在相等的時間間隔內掃過相等的面積。」

　　但在發明出微積分之後，物理學甚至是天文學都有快速的發展。像是引力，試著查閱資料，就能發現它和微積分之間的關係。

會改變強度的壓力怎麼算？

　　和水壓一樣，對於變力作功，我們依然是把它分解為非常小的範圍，在小線段內，把沿直線的變數作功認定為定力作功。

　　定力沿直線作功的公式為：

$$W = F \cdot x$$

假如力 F 隨位移 x 的變化符合 $F=kx$，則有：

$$dW = kx \cdot dx$$

如果這個力使得物體發生了距離為 a 的位移，則有：

$$W = \int_0^a kx \cdot dx = \frac{k}{2}a^2 - \frac{k}{2}0^2 = \frac{k}{2}a^2$$

我們再一次發現，在非常小的範圍內受到的力是定力。相信你現在已經能夠明白，為什麼數學和物理會這麼相似了。

思考題

你喜歡觀賞魚嗎？請以最適合牠的水壓，選購一個合適的魚缸，並計算魚缸側壁所承受的水壓。

第 10 章

酒精代謝還是中毒？
只有微積分能算出來

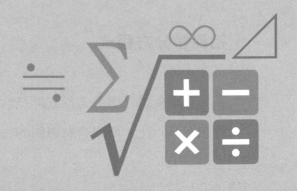

　　酒精中毒是急診常見的疾病，假日尤其是發生酒精中毒的高峰期，在這一章中，就來討論飲酒和微分公式之間的關係。

從克卜勒到微分方程式

　　想要了解人體與酒精中毒，首先應該知道，人體吸收和排出酒精都是動態的。對於這種動態關係，幾乎無法用一般的函數公式來表示，這時就需要用到動態的微積分。

　　在有微積分之前，絕大多數的學科研究都是靜態的，所以克卜勒第二定律才會表述成：「行星和太陽的連線，在相等的時間間隔內掃過相等的面積。」

　　但其實克卜勒已經意識到，行星的運動方向和速度都是動態的，而這和酒精在人體內的情況很類似。對於這種動態問題，應該要列出能表現其變化規律的公式，而這就是微分公式的由來。

　　如果說，我們之前學的公式的解都是一個數，那麼微分公式的解，則可以理解為一個未知的函數。

初探微分方程式

　　簡單來說，微分方程式即是含有微分的方程式。比如，導數可以寫成微分的比，所以含有導數的方程式便可以認為是微分方程式。這

是之前在第 6 章提到過的例子。對於表示一條曲線各點斜率變化的式子，能不能用函數來表示這條曲線？學完第 6 章就會知道當然可以。比如，一條曲線在各點處的斜率均為 $2x$，那麼則有：

$$y' = 2x$$

這裡可以把 y' 寫成微分的比，即是：

$$\frac{\mathrm{d}y}{\mathrm{d}x} = 2x$$

這樣就得到了一個微分方程式。這時就能按照解公式的方法來求解 y 了。具體步驟如下：

原公式為：

$$\frac{\mathrm{d}y}{\mathrm{d}x} = 2x$$

在等號兩邊同時乘以 $\mathrm{d}x$，則有：

$$\frac{\mathrm{d}y}{\mathrm{d}x} \cdot \mathrm{d}x = 2x \cdot \mathrm{d}x$$

$$\mathrm{d}y = 2x \cdot \mathrm{d}x$$

如果想要求解 y，只需要在等號兩邊同時取積分，則有：

$$\int \mathrm{d}y = \int 2x \cdot \mathrm{d}x$$

$$y = \int 2x \cdot \mathrm{d}x$$

經過計算和整理，最後的結果為：

$$y = x^2 + C$$

這樣就得到了微分方程式 $\dfrac{\mathrm{d}y}{\mathrm{d}x} = 2x$ 的解。

但是這個解帶有常數 C，必須再進一步確定 C 的值，不過就已知條件來說，無法確定 C 取何值，所以要增加一個已知條件，比如已知這條線經過點 $(1，1)$，這樣就要把 $(1，1)$ 代入 $y = x^2 + C$ 裡，即：

$$1 = 1^2 + C$$

就能得到 $C=0$，整理後則有：

$$y = x^2 + 0$$

$$y = x^2$$

對於微分方程式 $\dfrac{\mathrm{d}y}{\mathrm{d}x} = 2x$ 來說，$y = x^2 + C$ 和 $y = x^2$ 都是它的解，但是 $y = x^2 + C$ 更為特殊，因為它包含一個未知常數，所以 $y = x^2 + C$ 叫做微分公式的通解，也就是「通用的解」。

齊次微分方程式

為了找到有系統的解微分方程式的方法，我們將微分方程式按照不同的標準分類，其中，是否為齊次微分方程式就是一種常見的分類標準。對於一階微分方程式來說，如果它可以被化成如下形式，那它就是一個齊次微分方程式：

$$\frac{\mathrm{d}y}{\mathrm{d}x} = \varphi\left(\frac{y}{x}\right)$$

對於這樣的齊次微分方程式來說，我們可以設 $u = \dfrac{y}{x}$，這樣就有：

$$y = ux$$

$$\frac{\mathrm{d}y}{\mathrm{d}x} = u + x\,\frac{\mathrm{d}u}{\mathrm{d}x}$$

於是可以把齊次微分方程式 $\dfrac{\mathrm{d}y}{\mathrm{d}x} = \varphi\left(\dfrac{y}{x}\right)$ 寫成下面的式子：

$$u + x\,\frac{\mathrm{d}u}{\mathrm{d}x} = \varphi(u)$$

$$x\,\frac{\mathrm{d}u}{\mathrm{d}x} = \varphi(u) - u$$

進一步計算得到：

$$\frac{\mathrm{d}u}{\varphi(u)-u}=\frac{\mathrm{d}x}{x}$$

這時對等號兩邊同時求積分，則有：

$$\int\frac{\mathrm{d}u}{\varphi(u)-u}=\int\frac{\mathrm{d}x}{x}$$

之後只需要把積分結果中的 u 改成 $\frac{y}{x}$，就會得到齊次微分方程式的通解。

一階線性微分方程式

在了解齊次微分方程式之後，再介紹一下一階線性微分方程式。一階線性微分方程式可以簡單的理解為：未知函數和未知函數的導數，都是一次方程式的微分方程式。

用文字表述起來很囉嗦的一階線性微分方程式，如果用數學語言表述則是：

$$\frac{\mathrm{d}y}{\mathrm{d}x}+P(x)y=Q(x)$$

對於一階線性微分方程式來說，$Q(x)$ 是否等於 0，會決定它是不是齊次微分方程式：當 $Q(x)$ 等於 0，即能寫成 $\frac{\mathrm{d}y}{\mathrm{d}x}+P(x)y=Q(x)$，它就是齊次微分方程式，否則它就是非齊次。

現在不妨整理一下齊次線性微分方程式，來求出它通解的表示方法。對於一個齊次線性微分方程式 $\dfrac{\mathrm{d}y}{\mathrm{d}x} + P(x)y = Q(x)$ 來說，透過移項可以改寫成：

$$\frac{\mathrm{d}y}{y} = -P(x)\,\mathrm{d}x$$

這時同時對等號兩邊求積分，則有：

$$\ln|y| = -\int P(x)\,\mathrm{d}x + C_1$$

經過進一步的整理，就可以得到它的通解：

$$y = Ce^{-\int P(x)\,\mathrm{d}x} \quad (C = \pm e^{C_1})$$

微分方程式模型——研究動態事物的好方法

到現在為止，我們終於可以說自己弄懂什麼是微積分了。接下來就要討論微分方程式和數學模型的關係。數學模型對我們來說並不陌生，因為在第 1 章就已經接觸過賽局理論，而現在要學習一個新的數學模型——微分方程式模型。

之前已經介紹過，在微積分出現之前，研究大多是靜態的，所以

要探討會隨著時間變化的事物時，就必須引入微積分的概念，而微分方程式模型就是建立簡化的動態模型的方法之一。

研究傳染病、了解藥物在體內的分布狀況、預測人口和發現萬有引力定律……都和微分方程式模型有著密不可分的關係。它對臨床醫學和藥理學的發展也都不可忽視，以至於後來發展出了「藥物動力學」這一學科分支。

建立房室模型是藥物動力學研究的基本步驟之一，一般來說，二室模型是研究血藥濃度時較常用的模型。但由於本書並非專業的醫學書籍，所以在模型和計算上將盡可能的簡化，這裡採用的是較為簡單的一室模型，至於臨床上究竟採取何種急救方案，還得由醫生經綜合考慮後做出決定。

我們把飲酒的模型簡化，設腸道中的酒精量為 $x(t)$，血液中的酒精量為 $y(t)$。並作出如下假設：

1. 腸道中的酒精進入血液的轉移率與酒精量 $x(t)$ 成正比，用 k_1 表示。

2. 血液中的酒精排除率與酒精量 $y(t)$ 成正比，用 k_2 表示。

3. 總量為 M 的酒精在 $t=0$ 的瞬間進入腸道。

4. 酒精被吸收的半衰期為 b_1，排除的半衰期為 b_2。

5. 體重 50 公斤至 60 公斤的成年人血液總量為 4000 毫升。

根據上述已知條件，就可以對未知函數 $x(t)$ 和 $y(t)$ 列出如下微分方程式：

$$\frac{\mathrm{d}x}{\mathrm{d}t} = -k_1 x \quad x(0) = M$$

$$\frac{\mathrm{d}y}{\mathrm{d}t} = k_1 x - k_2 y \quad y(0) = 0$$

可以求出上述微分方程式的解，即：

$$x(t) = Me^{-k_1 t}$$

$$y(t) = \frac{Mk_1}{k_1 - k_2}(e^{-k_2 t} - e^{-k_1 t})$$

如果想要確定 k_1 和 k_2 的值，則需要先確定半衰期，即可以透過 $x(b_1) = \frac{x(0)}{2}$ 來確定 k_1。再設某一時刻 T 有 $y(T) = a$，則 $y(T + b_2) = \frac{a}{2}$ 可利用來求出 k_2。

這樣就能夠了解，喝酒時酒精在人體內的分布狀況了。

思考題

除了酒精中毒之外，誤食藥物也是急診常見的病症。假如有一兒童誤吞了 1,100 毫克的氨茶鹼錠（Aminophylline），家人及時發現後送往醫院。已知氨茶鹼（在血液中濃度達到每毫升 100 微克時，會出現嚴重中毒現象）被吸收的半衰期約為 5 小時，被排除的半衰期約為 6 小時，病患的血液總量為 2,000 毫升，請根據上述條件類比急救方案。

後記

數學之所以存在，不為了定義，而是思想

所謂後記，就是暢所欲言的場所，那就從這本書談起吧。

在這本書中，我們一起學習了微積分的部分概念，並且解決了多個生活中常見的問題。讓我感到欣喜的是，書中的問題並不只是停留在大眾科普的級別，而是讓大家達到了，能夠熟練的使用微積分和數學分析來解決實際問題的水準。

如果能完全搞懂書中 10 個章節的內容，那麼恭喜大家已經達到了相當的數學水準。

就數學、物理和其他一些理工科目來說，本書沒有涉及的部分，也只有多元函數的微分、多重積分、曲面積分和無窮級數等知識，但是只要了解微積分的基本概念，就能很容易的自學這些內容。

想要繼續學習高等數學的讀者，可能會遇到一個叫做「向量」的概念，是一種「有方向和大小的量」。雖然本書一直都在使用向量的概念，但卻沒有系統性的介紹過它，因為與其浪費筆墨在一些讓人迷惑的概念上，不如在實踐中真切感受。

對我來說，這本書好似一封長信，裡面記錄了我的諸多觀點，和

學習微積分的經驗。我並沒有像教科書一樣,用大量的篇幅去描述一個概念,而是告訴大家我的思考過程和生活體驗。因為數學能借你的一雙慧眼,並不在於它的定義,而在於它背後的思想。

下面來談一談我與數學的緣分。

數學最吸引我的地方就是它非常好玩。而我在發現它好玩之後,就產生了一種相見恨晚的感情。我第一次發覺數學有意思,是在高中時的一堂立體幾何課上。當時我們剛剛文理組分班,分班之後的數學老師,是一位專教理組的老師。她鼓勵學生用多種方法解題,對於解題的要求也只有「嚴謹」二字。從那一年開始,我便與數學結緣。那時我經常拿著幾種不同的解題方法去請教老師,對於哪些方法適用於什麼樣的問題、同一道題目有哪些捷徑可以走等等的數學新思維,都是在那時建立起來的。

這本書能夠和大家見面,最該感謝的人就是王若男老師。如果沒有王老師,書裡的這些內容,也許還以「祺祺的數學課」這樣的名字,靜靜的躺在我的博客裡。而現在這本書和我本來要寫的《祺祺的數學課》,已有了天翻地覆的差別。

最後衷心祝願各位讀者學習進步、學業有成。

附錄 1　本書使用的符號系統

符號	範例	涵義
$\lceil \ \rceil$	$\lceil x \rceil$	對 x 向上取整
$\lfloor \ \rfloor$	$\lfloor x \rfloor$	對 x 向下取整
$f(\ )$	$f(x)$	關於 x 的映射 f 的函數（書中也使用其他字母表示映射）
$\in$	$a \in A$	a 屬於 A 集合，a 是 A 集合中的一個元素
$\notin$	$a \notin A$	a 不屬於 A 集合，a 不是 A 集合中的一個元素
$\subseteq$	$A \subseteq B$	A 是 B 的子集
$\subset$	$A \subset B$	A 是 B 的真子集
ϕ	ϕ	空集
$\backslash$	$A \backslash B$	A 與 B 的差集
$-$	$\overline{A}$	A 的補集
N	N	自然數集（本書認為自然數包含 0）
N^*	N^*	正整數集
Q	Q	有理數集
R	R	實數集
C	C	複數集
$f(\ )'$	$f(x)'$	對於函數 $f(x)$ 的一階導數
$f(\ )^{(n)}$	$f(x)^{(n)}$	對於函數 $f(x)$ 的 n 階導數
d	$\mathrm{d}x$	對 x 進行微分
$F(\ )$	$F(x)$	$f(x)$ 的原函數
$\int$	$\int f(x)\,\mathrm{d}x$	對 $f(x)$ 求不定積分
$\int_a^b$	$\int_a^b f(x)\,\mathrm{d}x$	對 $f(x)$ 從 a 到 b 求定積分

附錄 2　常用公式及其證明

第 1 部分 常用導數公式及證明

結論 1　常數的導數是 0

設 $f(x)=C$（C 為常數）

$\therefore$ 有 $f'(x)=\lim\limits_{\Delta x \to 0}\dfrac{f(x+\Delta x)-f(x)}{\Delta x}=\lim\limits_{\Delta x \to 0}\dfrac{C-C}{\Delta x}=0$

$\therefore$ 故 $f(x)=C$ 時，有 $f'(x)=0$

結論 2　當 $f(x)=x^n$ 時，有 $f'(x)=nx^{n-1}$（n 為常數）

為了方便起見，這裡採用導數的 $\lim\limits_{\Delta x \to 0}\dfrac{f(x_0+\Delta x)-f(x_0)}{\Delta x}$ 形式，

而非 $\lim\limits_{\Delta x \to 0}\dfrac{f(x_0+\Delta x)-f(x_0)}{\Delta x}$ 形式。

設 $f(x_0)=x_0^n$（n 為常數）

$$\therefore \text{有}\ f'(x_0)=\lim_{x \to x_0}\frac{f(x)-f(x_0)}{x-x_0}=\lim_{x \to x_0}\frac{x^n-x_0^n}{x-x_0}$$

$$=\lim_{x \to x_0}(x^{n-1}+x_0x^{n-2}+x_0^2x^{n-3}+\cdots+x_0^{n-2}x+x_0^{n-1})$$

$$=nx_0^{n-1}$$

對大家來說，最難理解的可能就是中間這一步 $\lim\limits_{x \to x_0}\dfrac{x^n-x_0^n}{x-x_0}=\lim\limits_{x \to x_0}$ $(x^{n-1}+x_0x^{n-2}+x_0^2x^{n-3}+\cdots+x_0^{n-2}x+x_0^{n-1})$ 是怎麼來的。我們先忽略極限的運算，因為現在等號兩邊的極限運算子沒有變，所以說明這一步

231

並沒有做極限的運算，那麼就有 $\dfrac{x^n-x_0^n}{x-x_0}=x^{n-1}+x_0x^{n-2}+x_0^2x^{n-3}+\cdots+$ $x_0^{n-2}x+x_0^{n-1}$，而我們只需要弄懂這個式子是怎麼來的就可以了。由於它本身就是一種計算經驗，所以這裡只做對它的檢驗。

對於這樣一個式子，反應比較快的讀者可能已經發現，只要把左邊分母上的 $x-x_0$ 移到右邊去就好，但我們現在以更科學的方法來驗證這個等式的成立。首先右邊 $=x^{n-1}+x_0x^{n-2}+x_0^2x^{n-3}+\cdots+x_0^{n-2}x+$ x_0^{n-1} 我們把右邊的式子乘以 $x-x_0$，則有：

$$(x^{n-1}+x_0x^{n-2}+x_0^2x^{n-3}+\cdots+x_0^{n-2}x+x_0^{n-1}) \cdot (x-x_0)$$

不妨把括弧打開，則有：

$$x^{n-1} \cdot (x-x_0)+x_0x^{n-2} \cdot (x-x_0)+x_0^2x^{n-3} \cdot (x-x_0)+\cdots$$
$$+x_0^{n-2}x \cdot (x-x_0)+x_0^{n-1} \cdot (x-x_0)$$

再打開就有：

$$x^n-x_0x^{n-1}+x_0x^{n-1}-x_0^2x^{n-2}+\cdots+x_0^{n-2}x^2-x_0^{n-1}x+x_0^{n-1}x-x_0^n$$

消去能夠抵消的項，就有：

$$x^n-x_0^n$$

所以就得到了：

$$(x^{n-1}+x_0x^{n-2}+x_0^2x^{n-3}+\cdots+x_0^{n-2}x+x_0^{n-1}) \cdot (x-x_0)=x^n-x_0^n$$

如果在等號兩邊同時除以 $x-x_0$，則有：

$$\frac{x^n-x_0^n}{x-x_0}=x^{n-1}+x_0x^{n-2}+x_0^2x^{n-3}+\cdots+x_0^{n-2}x+x_0^{n-1}$$

這樣我們就知道這一步是怎麼計算的。這實際上是一種計算經驗，就像「1+1=2」一樣，當你夠熟練時，就可以自然的算出來了。

結論 3　當 $f(x)=\sin x$ 時，有 $f'(x)=\cos x$

設 $f(x)=\sin x$

有 $f'(x)=\lim\limits_{\Delta x\to 0}\dfrac{f(x+\Delta x)-f(x)}{\Delta x}=\lim\limits_{\Delta x\to 0}\dfrac{\sin(x+\Delta x)-\sin x}{\Delta x}$

$$=\lim\limits_{\Delta x\to 0}\frac{1}{\Delta x} \cdot [\sin(x+\Delta x)-\sin x]$$

根據三角形和差化積公式：$\sin\alpha-\sin\beta=2\cos\left(\dfrac{\alpha+\beta}{2}\right) \cdot \sin\left(\dfrac{\alpha-\beta}{2}\right)$

故原式

$$=\lim\limits_{\Delta x\to 0}\frac{1}{\Delta x} \cdot 2\cos\left(x+\frac{\Delta x}{2}\right) \cdot \sin\left(\frac{\Delta x}{2}\right)$$

$$=\lim\limits_{\Delta x\to 0}\frac{2}{\Delta x} \cdot \sin\left(\frac{\Delta x}{2}\right) \cdot \cos\left(x+\frac{\Delta x}{2}\right)$$

$$= \lim_{\Delta x \to 0} \frac{\sin\left(\frac{\Delta x}{2}\right)}{\frac{\Delta x}{2}} \cdot \cos\left(x + \frac{\Delta x}{2}\right)$$

這時我們發現，$\lim_{\Delta x \to 0} \dfrac{\sin\left(\frac{\Delta x}{2}\right)}{\frac{\Delta x}{2}} \cdot \cos\left(x + \frac{\Delta x}{2}\right)$ 的前半部分就是之前

講過的重要極限之一，至於後面的 $\cos\left(x + \frac{\Delta x}{2}\right)$，當 $\Delta x \to 0$ 時，等於 $\cos x$。

綜上所述，當 $f(x) = \sin x$ 時，$f'(x) = \cos x$

結論 4　當 $f(x) = \cos x$ 時，有 $f'(x) = -\sin x$

設 $f(x) = \cos x$

有　$f'(x) = \lim_{\Delta x \to 0} \dfrac{f(x + \Delta x) - f(x)}{\Delta x} = \lim_{\Delta x \to 0} \dfrac{\cos(x + \Delta x) - \cos x}{\Delta x}$

$$= \lim_{\Delta x \to 0} \frac{1}{\Delta x} \cdot [\cos(x + \Delta x) - \cos x]$$

根據三角形和差化積公式：$\cos\alpha - \cos\beta = -2\sin\left(\frac{\alpha + \beta}{2}\right) \cdot \sin\left(\frac{\alpha - \beta}{2}\right)$

故原式 $= \lim_{\Delta x \to 0} -\dfrac{1}{\Delta x} \cdot 2\sin\left(x + \frac{\Delta x}{2}\right) \cdot \sin\left(\frac{\Delta x}{2}\right)$

$$= \lim_{\Delta x \to 0} -\frac{2}{\Delta x} \cdot \sin\left(\frac{\Delta x}{2}\right) \cdot \sin\left(x + \frac{\Delta x}{2}\right)$$

經整理可得原式 $= \lim\limits_{\Delta x \to 0} \dfrac{\sin\left(\dfrac{\Delta x}{2}\right)}{\dfrac{\Delta x}{2}} \cdot \left[-\sin\left(x+\dfrac{\Delta x}{2}\right)\right]$

這時可以看出，$\lim\limits_{\Delta x \to 0} \dfrac{\sin\left(\dfrac{\Delta x}{2}\right)}{\dfrac{\Delta x}{2}} \cdot \left[-\sin\left(x+\dfrac{\Delta x}{2}\right)\right]$ 的前半部分又是重

要極限。至於後半部分 $-\sin\left(x+\dfrac{\Delta x}{2}\right)$，當 $\Delta x \to 0$ 時等於 -sin$x$。

結論 5　當 $f(x)=a^x$ 時，有 $f'(x)=a^x \ln a$（$a>0$，$a\neq1$）

設 $f(x)=a^x$（$a>0$，$a\neq1$）

則有 $f'(x) = \lim\limits_{\Delta x \to 0} \dfrac{f(x+\Delta x)-f(x)}{\Delta x} = \lim\limits_{\Delta x \to 0} \dfrac{a^{x+\Delta x}-a^x}{\Delta x}$

$\qquad = \lim\limits_{\Delta x \to 0} \dfrac{a^x \cdot (a^{\Delta x}-1)}{\Delta x} = a^x \cdot \lim\limits_{\Delta x \to 0} \dfrac{a^{\Delta x}-1}{\Delta x}$

顯然此時我們只需要計算出 $\lim\limits_{\Delta x \to 0} \dfrac{a^{\Delta x}-1}{\Delta x}$ 的結果，就可以推導

$f(x)=a^x$（$a>0$，$a\neq1$）的導數公式了。

這時我們令 $t=a^{\Delta x}-1$。

因為，$t=a^{\Delta x}-1 \Rightarrow t+1=a^{\Delta x} \Rightarrow \log_a(t+1)=\log_a(a^{\Delta x}) \Rightarrow$

$\qquad \Delta x = \log_a(t+1)$

所以有 $\Delta x = \log_a(t+1)$。

又 $\because \lim\limits_{\Delta x \to 0} a^{\Delta x}=1$，即 $\Delta x \to 0$ 時，$a^{\Delta x} \to 1$。

$\therefore a^{\Delta x}-1 \to 0$，即 $t \to 0$。

綜上所述，當 $\triangle x \rightarrow 0$ 時，$t \rightarrow 0$。

所以有 $\displaystyle\lim_{\triangle x \rightarrow 0} \frac{a^{\triangle x}-1}{\triangle x} = \lim_{t \rightarrow 0} \frac{t}{\log_a (t+1)}$

這裡對 $\dfrac{t}{\log_a (t+1)}$ 取倒數，即：

$$\frac{\log_a (t+1)}{t} = \frac{1}{t} \cdot \log_a (t+1) = \log_a (t+1)^{\frac{1}{t}}$$

顯然，$\log_a (t+1)^{\frac{1}{t}}$ 是兩個重要極限之一的 $\displaystyle\lim_{x \rightarrow \infty}\left(1+\frac{1}{x}\right)^x = e$ 的一種變形。

所以有 $\log_a (t+1)^{\frac{1}{t}} = \log_a e = \dfrac{\log_e e}{\log_e a} = \dfrac{1}{\log_e a} = \dfrac{1}{\ln a}$

$\therefore \dfrac{t}{\log_a (t+1)} = \ln a$

$\therefore$ 當 $f(x)=a^x$ 時，有 $f'(x)=a^x \ln a$ $(a>0, a\neq 1)$

結論 6 當 $f(x)=\log_a x$ 時，有 $f'(x)=\dfrac{1}{x \ln a}$ $(a>0, a\neq 1)$

設 $f(x)=\log_a x$ $(a>0, a\neq 1)$

有 $\displaystyle f'(x) = \lim_{\triangle x \rightarrow 0}\frac{f(x+\triangle x)-f(x)}{\triangle x} = \lim_{\triangle x \rightarrow 0}\frac{\log_a (x+\triangle x)-\log_a x}{\triangle x}$

$\displaystyle = \lim_{\triangle x \rightarrow 0}\frac{1}{\triangle x} \cdot \log_a \frac{x+\triangle x}{x} = \lim_{\triangle x \rightarrow 0}\frac{1}{x} \cdot \frac{x}{\triangle x} \cdot \log_a \frac{x+\triangle x}{x}$

$\displaystyle = \lim_{\triangle x \rightarrow 0}\frac{1}{x} \cdot \frac{x}{\triangle x} \cdot \log_a \left(1+\frac{\triangle x}{x}\right) = \lim_{\triangle x \rightarrow 0}\frac{1}{x} \cdot \frac{\log_a \left(1+\dfrac{\triangle x}{x}\right)}{\dfrac{\triangle x}{x}}$

$$= \frac{1}{x} \cdot \lim_{\Delta x \to 0} \frac{\log_a \left(1 + \frac{\Delta x}{x}\right)}{\frac{\Delta x}{x}}$$

又遇到了和結論 5 中類似的情況，這時我們令 $t = \dfrac{\Delta x}{x}$　，則有：

$$\frac{\log_a (t+1)}{t} = \frac{1}{t} \cdot \log_a (t+1) = \log_a (t+1)^{\frac{1}{t}}$$

顯然，$\log_a (t+1)^{\frac{1}{t}}$ 是兩個重要極限之一的 $\lim\limits_{x \to \infty} \left(1 + \dfrac{1}{x}\right)^x = \mathrm{e}$ 的一種變形。

所以有 $\lim\limits_{t \to 0} \log_a (t+1)^{\frac{1}{t}} = \log_a e = \dfrac{\log_e e}{\log_e a} = \dfrac{1}{\log_e a} = \dfrac{1}{\ln a}$

$\therefore$ 當 $f(x) = \log_a x$ 時，有 $f'(x) = \dfrac{1}{x \ln a}$ $(a > 0,\ a \neq 1)$

第 2 部分 導數運算法則的證明

結論 7　$[u(x) \pm v(x)]' = u'(x) \pm v'(x)$

$$[u(x) \pm v(x)]' = \lim_{\Delta x \to 0} \frac{[u(x+\Delta x) \pm v(x+\Delta x)] - [u(x) \pm v(x)]}{\Delta x}$$

$$= \lim_{\Delta x \to 0} \frac{u(x+\Delta x) - u(x)}{\Delta x} \pm \lim_{\Delta x \to 0} \frac{v(x+\Delta x) - v(x)}{\Delta x}$$

$$= u'(x) \pm v'(x)$$

結論 8　$[u(x) \cdot v(x)]' = u'(x) \cdot v(x) + u(x) \cdot v'(x)$

$$[u(x) \cdot v(x)]' = \lim_{\Delta x \to 0} \frac{u(x+\Delta x) \cdot v(x+\Delta x) - u(x) \cdot v(x)}{\Delta x}$$

$$= \lim_{\Delta x \to 0} \left[\frac{u(x+\Delta x) - u(x)}{\Delta x} \cdot v(x+\Delta x) + u(x) \cdot \frac{v(x+\Delta x) - v(x)}{\Delta x} \right]$$

$$= \lim_{\Delta x \to 0} \frac{u(x+\Delta x) - u(x)}{\Delta x} \cdot \lim_{\Delta x \to 0} v(x+\Delta x) + u(x) \cdot \lim_{\Delta x \to 0} \frac{v(x+\Delta x) - v(x)}{\Delta x}$$

$$= u'(x) \cdot v(x) + u(x) \cdot v'(x)$$

結論 9　$\left[\dfrac{u(x)}{v(x)} \right]' = \dfrac{u'(x)v(x) - u(x)v'(x)}{v^2(x)}$

$$\left[\frac{u(x)}{v(x)} \right]' = \lim_{\Delta x \to 0} \frac{\dfrac{u(x+\Delta x)}{v(x+\Delta x)} - \dfrac{u(x)}{v(x)}}{\Delta x}$$

$$= \lim_{\Delta x \to 0} \frac{u(x+\Delta x) \cdot v(x) - u(x) \cdot v(x+\Delta x)}{v(x+\Delta x) \cdot v(x) \cdot \Delta x}$$

$$= \lim_{\Delta x \to 0} \frac{\dfrac{u(x+\Delta x) - u(x)}{\Delta x} \cdot v(x) - u(x) \cdot \dfrac{v(x+\Delta x) - v(x)}{\Delta x}}{v(x+\Delta x) \cdot v(x)}$$

$$= \frac{u'(x)v(x) - u(x)v'(x)}{v^2(x)}$$

結論 10　$[f^{-1}(x)]' = \dfrac{1}{f'(y)}$

　　設有一函數 $x = f(y)$ 在某一區間內單調、連續、可導，故 $x = f(y)$ 的反函數 $y = f^{-1}(x)$ 存在， $y = f^{-1}(x)$ 也在同一區間內單調、連續。

於是有：

$$\Delta y = f^{-1}(x + \Delta x) - f^{-1}(x) \text{ 且 } \Delta y \neq 0$$

接下來有：

$$\frac{\Delta y}{\Delta x} = \frac{1}{\dfrac{\Delta x}{\Delta y}}$$

∵ $y = f^{-1}(x)$ 連續，故：

$$\lim_{\Delta x \to 0} \Delta y = 0$$

∴綜上所述有：

$$[f^{-1}(x)]' = \lim_{\Delta x \to 0} \frac{\Delta y}{\Delta x} = \lim_{\Delta x \to 0} \frac{1}{\dfrac{\Delta x}{\Delta y}} = \frac{1}{f'(y)}$$

第 3 部分 不定積分性質及相關公式

結論11　$d\left[\int f(x)\,dx\right] = f(x)\,dx$（也寫作 $df(x) = f'(x)\,dx$）

　　由不定積分的定義一（如果有 $F'(x) = f(x)$，那麼稱 $F(x)$ 是 $f(x)$ 的原函數）和定義二（$\int f(x)\,dx = F(x) + C$，C 是任意常數）可知：$\int f(x)\,dx$ 是 $f(x)$ 的原函數（之一）。

所以一定有：

$$\frac{d}{dx}\left[\int f(x)\,dx\right]=f(x)$$

即有：

$$d\left[\int f(x)\,dx\right]=f(x)\,dx$$

也可以寫成：

$$df(x)=f'(x)\,dx$$

有一種「模組化的思考方式」，大家可以記住這樣一個式子：

$$d[\,模組\,]=[\,模組的導\,]\,dx$$

這裡的「模組」可以是任意的運算式，或同一運算式的導數。

結論 12 ❶ 假如 $f(x_1)$ 具有原函數，且 $x_1=g(x_2)$ 可導，則有

---

❶ 有學者認為，結論 12 中提到的代換法，應該分為第一類代換法和第二類代換法。第一類代換積分法又稱為湊微分法，用於計算兩個式子相乘的形式，被認為是複合函數求導的逆運算。而其他類的代換法則都歸於第二類代換法。在學術界，這種分類方法也存在較大的爭議，主要爭議就是第一類代換法和第二類代換法沒有明確的界限。結論 12 證明的是第一類代換法，結論 13 雖然是結論 12 的變換形式，但是它實際上是第二類代換法。

$$\int f\left[g\left(x_2\right)\right] g'\left(x_2\right) \mathrm{d}x_2 = \int f\left(x_1\right) \mathrm{d}x_1$$

證明：假設 $f(x_1)$ 有原函數，它的原函數是 $F(x_1)$，即有：

$$F'(x_1) = f(x_1)$$

$$\int f(x_1)\,\mathrm{d}x_1 = F(x_1) + C$$

如果 x_1 是中介變數，則設：$x_1 = g(x_2)$ 且 $g(x_2)$ 可微。此處根據複合函數的微分法則，有：

$$\int f\left[g\left(x_2\right)\right] g'\left(x_2\right) \mathrm{d}x_2 = F\left[g\left(x_2\right)\right] + C = \int f\left(x_1\right) \mathrm{d}x_1$$

綜上所述，有 $\int f\left[g\left(x_2\right)\right] g'\left(x_2\right) \mathrm{d}x_2 = \int f\left(x_1\right) \mathrm{d}x_1$，故得證。

結論13　設 $f\left[g\left(x_2\right)\right] = g'\left(x_2\right)$ 有原函數，如 $x_1 = g\left(x_2\right)$ 在 x_2 的某個區間上是單調且可導的，並且要滿足 $g(x_2)$ 的導數 $g'(x_2) \neq 0$。

　　則有：

$$\int f(x_1)\,\mathrm{d}x_1 = \int f\left[g\left(x_2\right)\right] g'\left(x_2\right) \mathrm{d}x_2$$

結論14　設函數 $f(x)$ 和 $g(x)$ 都是具有連續導數的函數。則有：

$$\int f(x)\, \mathrm{d}g(x) = f(x)g(x) - \int g(x)\, \mathrm{d}f(x)$$

證明：因為函數 *f(x)* 和 *g(x)* 都是具有連續導數的函數。

所以根據導數的乘法法則，則有：

$$[f(x)g(x)]' = f'(x)g(x) + f(x)g'(x)$$

移項後則有：

$$f(x)g'(x) = [f(x)g(x)]' - f'(x)g(x)$$

兩邊求不定積分後就有：

$$\int f(x)g'(x)\, \mathrm{d}x = f(x)g(x) - \int g(x)f'(x)\, \mathrm{d}x$$

經整理則有：

$$\int f(x)\, \mathrm{d}g(x) = f(x)g(x) - \int g(x)\, \mathrm{d}f(x)$$

故得證。

第 4 部分　三角函數常見公式

定理　畢氏定理（勾股定理）

　　如圖附錄 2-1 所示，這個像風車一樣的圖案叫做玄圖。其中的四個直角三角形完全相等，且規定每個直角三角形較短的直角邊長度為 a，另一直角邊長度為 b，斜邊長度為 c。經過觀察，你認為 a、b、c 之間有什麼數量關係？

　　首先，裡面的小正方形邊長應該是「股」減去「勾」的值，可以記為 $b-a$，其面積就是 $(b-a)^2$。四個直角三角形的面積都是「勾」×「股」$\div 2$，可以記為 $\dfrac{ab}{2}$，四個加起來的總面積為 $2ab$。而大正方形的面積既可以表示為「弦」的平方，即 c^2，也可以表示為 $(b-a)^2 + 2ab$。所以就有 $c^2 = (b-a)^2 + 2ab$，整理後得到 $a^2 + b^2 = c^2$。

圖附錄2-1

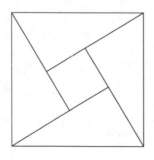

　　公式 1　sin-cos 公式

sin-cos 公式： $\sin^2\theta + \cos^2\theta = 1$

證明：

左邊 $=\sin^2\theta+\cos^2\theta$

$$=\left(\frac{對邊}{斜邊}\right)^2+\left(\frac{鄰邊}{斜邊}\right)^2$$

$$=\frac{對邊^2}{斜邊^2}+\frac{鄰邊^2}{斜邊^2}$$

$$=\frac{對邊^2+鄰邊^2}{斜邊^2}$$

$$=\frac{斜邊^2}{斜邊^2}\quad（此處需要使用畢式定理）$$

$$=1$$

綜上所述，左邊＝右邊，故得證。

公式 2　sec-tan公式

sec-tan 公式：$\sec^2\theta-1=\tan^2\theta$

證明：

左邊 $=\sec^2\theta-1$

$$=\left(\frac{1}{\cos\theta}\right)^2-1$$

$$=\frac{1}{\cos^2\theta}-\sin^2\theta-\cos^2\theta$$

$$=\frac{1-\sin^2\theta\cos^2\theta-\cos^4\theta}{\cos^2\theta}$$

$$=\frac{\sin^2\theta+\cos^2\theta-\sin^2\theta\cos^2\theta-\cos^4\theta}{\cos^2\theta}$$

$$= \tan^2\theta + \frac{\cos^2\theta - \sin^2\theta\cos^2\theta - \cos^4\theta}{\cos^2\theta}$$

$$= \tan^2\theta + (1 - \sin^2\theta - \cos^2\theta)$$

$$= \tan^2\theta + (\sin^2\theta + \cos^2\theta - \sin^2\theta - \cos^2\theta)$$

$$= \tan^2\theta$$

綜上所述，左邊＝右邊，故得證。

sec-tan 公式的推導形式有 $\tan^2\theta + 1 = \sec^2\theta$，該式也很常用。

附錄 3　積分表

第 1 部分　基本積分表

(1) $\displaystyle\int k\,\mathrm{d}x = kx + C$　　（k 是常數）

(2) $\displaystyle\int x^n\,\mathrm{d}x = \frac{x^{n+1}}{n+1} + C$　　（$n \neq -1$）

(3) $\displaystyle\int x^{-1}\,\mathrm{d}x = \int \frac{1}{x}\,\mathrm{d}x = \ln|x| + C$

(4) $\displaystyle\int \frac{1}{1+x^2}\,\mathrm{d}x = \arctan x + C$

(5) $\displaystyle\int \frac{1}{\sqrt{1-x^2}}\,\mathrm{d}x = \arcsin x + C$

(6) $\displaystyle\int \cos x\,\mathrm{d}x = \sin x + C$

(7) $\displaystyle\int \sin x\,\mathrm{d}x = -\cos x + C$

(8) $\displaystyle\int \sec^2 x\,\mathrm{d}x = \int \frac{1}{\cos^2 x}\,\mathrm{d}x = \tan x + C$

(9) $\displaystyle\int \csc^2 x\,\mathrm{d}x = \int \frac{1}{\sin^2 x}\,\mathrm{d}x = -\cot x + C$

(10) $\displaystyle\int \sec x \tan x\,\mathrm{d}x = \sec x + C$

(11) $\displaystyle\int \csc x \cot x\,\mathrm{d}x = -\csc x + C$

(12) $\displaystyle\int e^x\,dx = e^x + C$

(13) $\displaystyle\int a^x\,dx = \frac{a^x}{\ln a} + C$

第 2 部分　有理函數積分表

(14) $\displaystyle\int (ax+b)^n\,dx = \frac{1}{a(n+1)}(ax+b)^{n+1} + C \qquad (n \neq -1)$

(15) $\displaystyle\int (ax+b)^{-1}\,dx = \int \frac{1}{ax+b}\,dx = \frac{1}{a}\ln|ax+b| + C$

(16) $\displaystyle\int \frac{x}{ax+b}\,dx = \frac{1}{a^2}(ax+b-b\ln|ax+b|) + C$

(17) $\displaystyle\int \frac{x^2}{ax+b}\,dx = \frac{1}{a^3}\left[\frac{1}{2}(ax+b)^2 - 2b(ax+b) + b^2\ln|ax+b|\right] + C$

(18) $\displaystyle\int \frac{1}{x(ax+b)}\,dx = -\frac{1}{b}\ln\left|\frac{ax+b}{x}\right| + C$

(19) $\displaystyle\int \frac{1}{x^2(ax+b)}\,dx = -\frac{1}{bx} + \frac{a}{b^2}\ln\left|\frac{ax+b}{x}\right| + C$

(20) $\displaystyle\int \frac{x}{(ax+b)^2}\,dx = \frac{1}{a^2}\left(\ln|ax+b| + \frac{b}{ax+b}\right) + C$

(21) $\displaystyle\int \frac{x^2}{(ax+b)^2}\,dx = \frac{1}{a^3}\left(ax+b-2b\ln|ax+b| - \frac{b^2}{ax+b}\right) + C$

(22) $\displaystyle\int \frac{1}{x(ax+b)^2}\,dx = \frac{1}{b(ax+b)} - \frac{1}{b^2}\ln\left|\frac{ax+b}{x}\right| + C$

(23) $\displaystyle\int \frac{1}{x^2+a^2} = \frac{1}{a}\arctan\frac{x}{a} + C$

(24) $\displaystyle\int \frac{1}{x^2-a^2}\,dx = \frac{1}{2a}\ln\left|\frac{x-a}{x+a}\right| + C$

$(25) \displaystyle\int \frac{1}{(x^2+a^2)^n}\mathrm{d}x = \frac{x}{2(n-1)a^2(x^2+a^2)^{n-1}} +$

$$\frac{2n-3}{2(n-1)a^2}\int \frac{1}{(x^2+a^2)^{n-1}}\mathrm{d}x$$

$(26) \displaystyle\int \frac{1}{ax^2+b}\mathrm{d}x = \frac{1}{\sqrt{ab}}\arctan\sqrt{\frac{a}{b}}x + C \quad (a>0,\ b>0)$

$(27) \displaystyle\int \frac{1}{ax^2+b}\mathrm{d}x = \frac{1}{2\sqrt{-ab}}\ln\left|\frac{\sqrt{a}\,x-\sqrt{-b}}{\sqrt{a}\,x+\sqrt{-b}}\right| + C \quad (a>0,\ b<0)$

$(28) \displaystyle\int \frac{x}{ax^2+b}\mathrm{d}x = \frac{1}{2a}\ln|ax^2+b| + C \quad (a>0)$

$(29) \displaystyle\int \frac{x^2}{ax^2+b}\mathrm{d}x = \frac{x}{a} - \frac{b}{a}\int \frac{1}{ax^2+b}\mathrm{d}x \quad (a>0)$

$(30) \displaystyle\int \frac{1}{x(ax^2+b)}\mathrm{d}x = \frac{1}{2b}\ln\frac{x^2}{|ax^2+b|} + C \quad (a>0)$

$(31) \displaystyle\int \frac{1}{x^2(ax^2+b)}\mathrm{d}x = -\frac{1}{bx} - \frac{a}{b}\int \frac{1}{ax^2+b}\mathrm{d}x \quad (a>0)$

$(32) \displaystyle\int \frac{1}{x^3(ax^2+b)}\mathrm{d}x = \frac{a}{2b^2}\ln\frac{|ax^2+b|}{x^2} - \frac{1}{2bx^2} + C \quad (a>0)$

$(33) \displaystyle\int \frac{1}{(ax^2+b)^2}\mathrm{d}x = \frac{x}{2b(ax^2+b)} + \frac{1}{2b}\int \frac{1}{ax^2+b}\mathrm{d}x \quad (a>0)$

$(34) \displaystyle\int \frac{1}{ax^2+bx+c}\mathrm{d}x = \frac{2}{\sqrt{4ac-b^2}}\arctan\frac{2ax+b}{\sqrt{4ac-b^2}} + C$

$\quad (a>0,\ b^2<4ac)$

$(35) \displaystyle\int \frac{1}{ax^2+bx+c}\mathrm{d}x = \frac{1}{\sqrt{b^2-4ac}}\ln\left|\frac{2ax+b-\sqrt{b^2-4ac}}{2ax+b+\sqrt{b^2-4ac}}\right| + C$

$\quad (a>0,\ b^2>4ac)$

$(36)\ \displaystyle\int \frac{x}{ax^2+bx+c}\mathrm{d}x = \frac{1}{2a}\ln|ax^2+bx+c| - \frac{b}{2a}\int \frac{1}{ax^2+bx+c}\mathrm{d}x$

$(a>0)$

第 3 部分　無理函數積分表之一

$(37)\ \displaystyle\int \sqrt{ax+b}\,\mathrm{d}x = \frac{2}{3a}\sqrt{(ax+b)^3} + C$

$(38)\ \displaystyle\int x\sqrt{ax+b}\,\mathrm{d}x = \frac{2}{15a^2}(3ax-2b)\sqrt{(ax+b)^3} + C$

$(39)\ \displaystyle\int x^2\sqrt{ax+b}\,\mathrm{d}x = \frac{2}{105a^3}(15a^2x^2-12abx+8b^2)\sqrt{(ax+b)^3} + C$

$(40)\ \displaystyle\int \frac{x}{\sqrt{ax+b}}\mathrm{d}x = \frac{2}{3a^2}(ax-2b)\sqrt{ax+b} + C$

$(41)\ \displaystyle\int \frac{x^2}{\sqrt{ax+b}}\mathrm{d}x = \frac{2}{15a^2}(3a^2x^2-4abx+8b^2)\sqrt{ax+b} + C$

$(42)\ \displaystyle\int \frac{1}{x\sqrt{ax+b}}\mathrm{d}x = \frac{1}{\sqrt{b}}\ln\left|\frac{\sqrt{ax+b}-\sqrt{b}}{\sqrt{ax+b}+\sqrt{b}}\right| + C \qquad (b>0)$

$(43)\ \displaystyle\int \frac{1}{x\sqrt{ax+b}}\mathrm{d}x = \frac{2}{\sqrt{-b}}\arctan\sqrt{\frac{ax+b}{-b}} + C \qquad (b<0)$

$(44)\ \displaystyle\int \frac{1}{x^2\sqrt{ax+b}}\mathrm{d}x = -\frac{\sqrt{ax+b}}{bx} - \frac{a}{2b}\int \frac{1}{x\sqrt{ax+b}}\mathrm{d}x$

$(45)\ \displaystyle\int \frac{\sqrt{ax+b}}{x}\mathrm{d}x = 2\sqrt{ax+b} + b\int \frac{1}{x\sqrt{ax+b}}\mathrm{d}x$

$(46)\ \displaystyle\int \frac{\sqrt{ax+b}}{x^2}\mathrm{d}x = -\frac{\sqrt{ax+b}}{x} + \frac{a}{2}\int \frac{1}{x\sqrt{ax+b}}\mathrm{d}x$

(47) $\int \sqrt{\dfrac{x-a}{x-b}}\,\mathrm{d}x = (x-b)\sqrt{\dfrac{x-a}{x-b}} + (b-a)\ln(\sqrt{\lceil x-a\rceil} +$

$$\sqrt{\lceil x-b\rceil}) + C$$

(48) $\int \sqrt{\dfrac{x-a}{b-x}}\,\mathrm{d}x = (x-b)\sqrt{\dfrac{x-a}{b-x}} + (b-a)\arcsin\sqrt{\dfrac{x-a}{b-x}} + C$

(49) $\int \dfrac{1}{\sqrt{(x-a)(b-x)}}\,\mathrm{d}x = 2\arcsin\sqrt{\dfrac{x-a}{b-a}} + C \quad (a<b)$

(50) $\int \sqrt{(x-a)(b-x)}\,\mathrm{d}x = \dfrac{2x-a-b}{4}\sqrt{(x-a)(b-x)} +$

$$\dfrac{(b-a)^2}{4}\arcsin\sqrt{\dfrac{x-a}{b-a}} + C \quad (a<b)$$

第 4 部分　無理函數積分表之二（$a>0$）❷

(51) $\int \dfrac{1}{\sqrt{x^2+a^2}}\,\mathrm{d}x = arsh\,\dfrac{x}{a} + C_1 = \ln(x+\sqrt{x^2+a^2}) + C$

(52) $\int \dfrac{1}{\sqrt{(x^2+a^2)^3}}\,\mathrm{d}x = \dfrac{x}{a^2\sqrt{x^2+a^2}} + C$

(53) $\int \dfrac{x}{\sqrt{x^2+a^2}}\,\mathrm{d}x = \sqrt{x^2+a^2} + C$

(54) $\int \dfrac{x}{\sqrt{(x^2+a^2)^3}}\,\mathrm{d}x = -\dfrac{1}{\sqrt{x^2+a^2}} + C$

(55) $\int \dfrac{x^2}{\sqrt{x^2+a^2}}\,\mathrm{d}x = \dfrac{x}{2}\sqrt{x^2+a^2} - \dfrac{a^2}{2}\ln(x+\sqrt{x^2+a^2}) + C$

---

❷ 此部分中的所有 a 滿足 $a>0$，需要特別注意。

(56) $\int \dfrac{1}{x\sqrt{x^2+a^2}}dx = \dfrac{1}{a}\ln\dfrac{\sqrt{x^2+a^2}-a}{|x|}+C$

(57) $\int \dfrac{x^2}{\sqrt{(x^2+a^2)^3}}dx = -\dfrac{x}{\sqrt{x^2+a^2}}+\ln(x+\sqrt{x^2+a^2})+C$

(58) $\int \dfrac{1}{x^2\sqrt{x^2+a^2}}dx = -\dfrac{\sqrt{x^2+a^2}}{a^2x}+C$

(59) $\int \sqrt{x^2+a^2}\,dx = \dfrac{x}{2}\sqrt{x^2+a^2}+\dfrac{a^2}{2}\ln(x+\sqrt{x^2+a^2})+C$

(60) $\int \sqrt{(x^2+a^2)^3}\,dx$

$= \dfrac{x}{8}(2x^2+5a^2)\sqrt{x^2+a^2}+\dfrac{3}{8}a^4\ln(x+\sqrt{x^2+a^2})+C$

(61) $\int x\sqrt{x^2+a^2}\,dx = \dfrac{1}{3}\sqrt{(x^2+a^2)^3}+C$

(62) $\int x^2\sqrt{x^2+a^2}\,dx = \dfrac{x}{8}(2x^2+a^2)\sqrt{x^2+a^2}-\dfrac{a^4}{8}\ln(x+\sqrt{x^2+a^2})+C$

(63) $\int \dfrac{\sqrt{x^2+a^2}}{x}dx = \sqrt{x^2+a^2}+a\ln\dfrac{\sqrt{x^2+a^2}-a}{|x|}+C$

(64) $\int \dfrac{\sqrt{x^2+a^2}}{x^2}dx = -\dfrac{\sqrt{x^2+a^2}}{x}+\ln(x+\sqrt{x^2+a^2})+C$

(65) $\int \dfrac{1}{\sqrt{x^2-a^2}}dx = \dfrac{x}{|x|}arch\dfrac{|x|}{a}+C_1 = \ln|x+\sqrt{x^2-a^2}|+C$

(66) $\int \dfrac{1}{\sqrt{(x^2-a^2)^3}}dx = -\dfrac{x}{a^2\sqrt{x^2-a^2}}+C$

(67) $\int \dfrac{x}{\sqrt{x^2-a^2}}dx = \sqrt{x^2-a^2}+C$

(68) $\int \dfrac{x}{\sqrt{(x^2-a^2)^3}}dx = -\dfrac{1}{\sqrt{x^2-a^2}}+C$

(69) $\displaystyle\int \frac{x^2}{\sqrt{x^2-a^2}}\mathrm{d}x = \frac{x}{2}\sqrt{x^2-a^2} + \frac{a^2}{2}\ln\left| x+\sqrt{x^2-a^2}\,\right| + C$

(70) $\displaystyle\int \frac{x^2}{\sqrt{(x^2-a^2)^3}}\mathrm{d}x = -\frac{x}{\sqrt{x^2-a^2}} + \ln\left| x+\sqrt{x^2-a^2}\,\right| + C$

(71) $\displaystyle\int \frac{1}{x\sqrt{x^2-a^2}}\mathrm{d}x = \frac{1}{a}\arccos\frac{a}{|x|} + C$

(72) $\displaystyle\int \frac{1}{x^2\sqrt{x^2-a^2}}\mathrm{d}x = \frac{\sqrt{x^2-a^2}}{a^2 x} + C$

(73) $\displaystyle\int \sqrt{x^2-a^2}\,\mathrm{d}x = \frac{x}{2}\sqrt{x^2-a^2} - \frac{a^2}{2}\ln\left| x+\sqrt{x^2-a^2}\,\right| + C$

(74) $\displaystyle\int \sqrt{(x^2-a^2)^3}\,\mathrm{d}x$

$\displaystyle = \frac{x}{8}(2x^2-5a^2)\sqrt{x^2-a^2} + \frac{3}{8}a^4\ln\left| x+\sqrt{x^2-a^2}\,\right| + C$

(75) $\displaystyle\int x\sqrt{x^2-a^2}\,\mathrm{d}x = \frac{1}{3}\sqrt{(x^2-a^2)^3} + C$

(76) $\displaystyle\int x^2\sqrt{x^2-a^2}\,\mathrm{d}x$

$\displaystyle = \frac{x}{8}(2x^2-a^2)\sqrt{x^2-a^2} - \frac{a^4}{8}\ln\left| x+\sqrt{x^2-a^2}\,\right| + C$

(77) $\displaystyle\int \frac{\sqrt{x^2-a^2}}{x}\mathrm{d}x = \sqrt{x^2-a^2} - a\arccos\frac{a}{|x|} + C$

(78) $\displaystyle\int \frac{\sqrt{x^2-a^2}}{x^2}\mathrm{d}x = -\frac{\sqrt{x^2-a^2}}{x} + \ln\left| x+\sqrt{x^2-a^2}\,\right| + C$

(79) $\displaystyle\int \frac{1}{\sqrt{a^2-x^2}}\mathrm{d}x = \arcsin\frac{x}{a} + C$

(80) $\displaystyle\int \frac{1}{\sqrt{(a^2-x^2)^3}}\mathrm{d}x = \frac{x}{a^2\sqrt{a^2-x^2}} + C$

(81) $\int \dfrac{x}{\sqrt{a^2-x^2}}\mathrm{d}x = -\sqrt{a^2-x^2}+C$

(82) $\int \dfrac{x}{\sqrt{(a^2-x^2)^3}}\mathrm{d}x = \dfrac{1}{\sqrt{a^2-x^2}}+C$

(83) $\int \dfrac{x^2}{\sqrt{a^2-x^2}}\mathrm{d}x = -\dfrac{x}{2}\sqrt{a^2-x^2}+\dfrac{a^2}{2}\arcsin\dfrac{x}{a}+C$

(84) $\int \dfrac{x^2}{\sqrt{(a^2-x^2)^3}}\mathrm{d}x = \dfrac{x}{\sqrt{a^2-x^2}}-\arcsin\dfrac{x}{a}+C$

(85) $\int \dfrac{1}{x\sqrt{a^2-x^2}}\mathrm{d}x = \dfrac{1}{a}\ln\dfrac{a-\sqrt{a^2-x^2}}{|x|}+C$

(86) $\int \dfrac{1}{x^2\sqrt{a^2-x^2}}\mathrm{d}x = -\dfrac{\sqrt{a^2-x^2}}{a^2 x}+C$

(87) $\int \sqrt{a^2-x^2}\,\mathrm{d}x = \dfrac{x}{2}\sqrt{a^2-x^2}+\dfrac{a^2}{2}\arcsin\dfrac{x}{a}+C$

(88) $\int \sqrt{(a^2-x^2)^3}\,\mathrm{d}x = \dfrac{x}{8}(5a^2-2x^2)\sqrt{a^2-x^2}+\dfrac{3}{8}a^4\arcsin\dfrac{x}{a}+C$

(89) $\int x\sqrt{a^2-x^2}\,\mathrm{d}x = -\dfrac{1}{3}\sqrt{(a^2-x^2)^3}+C$

(90) $\int x^2\sqrt{a^2-x^2}\,\mathrm{d}x = \dfrac{x}{8}(2x^2-a^2)\sqrt{a^2-x^2}+\dfrac{a^4}{8}\arcsin\dfrac{x}{a}+C$

(91) $\int \dfrac{\sqrt{a^2-x^2}}{x}\mathrm{d}x = \sqrt{a^2-x^2}+a\ln\dfrac{a-\sqrt{a^2-x^2}}{|x|}+C$

(92) $\int \dfrac{\sqrt{a^2-x^2}}{x^2}\mathrm{d}x = -\dfrac{\sqrt{a^2-x^2}}{x}-\arcsin\dfrac{x}{a}+C$

(93) $\int \dfrac{1}{\sqrt{ax^2+bx+c}}\mathrm{d}x = \dfrac{1}{\sqrt{a}}\ln\left|2ax+b+2\sqrt{a}\sqrt{ax^2+bx+c}\right|+C$

$(94)\displaystyle\int \sqrt{ax^2+bx+c}\,\mathrm{d}x = \dfrac{2ax+b}{4a}\sqrt{ax^2+bx+c} + \dfrac{4ac-b^2}{8\sqrt{a^3}}$

$$\ln\left|\,2ax+b+2\sqrt{a}\,\sqrt{ax^2+bx+c}\,\right| + C$$

$(95)\displaystyle\int \dfrac{x}{\sqrt{ax^2+bx+c}}\,\mathrm{d}x$

$$= \dfrac{1}{a}\sqrt{ax^2+bx+c} - \dfrac{b}{2\sqrt{a^3}}\ln\left|\,2ax+b+2\sqrt{a}\,\sqrt{ax^2+bx+c}\,\right| + C$$

$(96)\displaystyle\int \dfrac{1}{\sqrt{c+bx-ax^2}}\,\mathrm{d}x = \dfrac{1}{\sqrt{a}}\arcsin\dfrac{2ax-b}{\sqrt{b^2+4ac}} + C$

$(97)\displaystyle\int \sqrt{c+bx-ax^2}\,\mathrm{d}x$

$$= \dfrac{2ax-b}{4a}\sqrt{c+bx-ax^2} + \dfrac{b^2+4ac}{8\sqrt{a^3}}\arcsin\dfrac{2ax-b}{\sqrt{b^2+4ac}} + C$$

$(98)\displaystyle\int \dfrac{x}{\sqrt{c+bx-ax^2}}\,\mathrm{d}x$

$$= -\dfrac{1}{a}\sqrt{c+bx-ax^2} + \dfrac{b}{2\sqrt{a^3}}\arcsin\dfrac{2ax-b}{\sqrt{b^2+4ac}} + C$$

第 5 部分　三角函數積分表

$(99)\displaystyle\int \sin x\,\mathrm{d}x = -\cos x + C$

$(100)\displaystyle\int \cos x\,\mathrm{d}x = \sin x + C$

$(101)\displaystyle\int \tan x\,\mathrm{d}x = -\ln|\cos x| + C$

$(102)\displaystyle\int \cot x\,\mathrm{d}x = \ln|\sin x| + C$

$(103) \displaystyle\int \sec x \, dx = \ln \left| \tan\left(\frac{\pi}{4} + \frac{x}{2} \right) \right| + C = \ln |\sec x + \tan x| + C$

$(104) \displaystyle\int \csc x \, dx = \ln \left| \tan \frac{x}{2} \right| + C = \ln |\csc x - \cot x| + C$

$(105) \displaystyle\int \sec^2 x \, dx = \tan x + C$

$(106) \displaystyle\int \csc^2 x \, dx = -\cot x + C$

$(107) \displaystyle\int \sec x \tan x \, dx = \sec x + C$

$(108) \displaystyle\int \csc x \cot x \, dx = -\csc x + C$

$(109) \displaystyle\int \sin^2 x \, dx = \frac{x}{2} - \frac{1}{4} \sin 2x + C$

$(110) \displaystyle\int \cos^2 x \, dx = \frac{x}{2} + \frac{1}{4} \sin 2x + C$

$(111) \displaystyle\int \sin^n x \, dx = -\frac{1}{n} \sin^{n-1} x \cos x + \frac{n-1}{n} \int \sin^{n-2} x \, dx$

$(112) \displaystyle\int \cos^n x \, dx = \frac{1}{n} \cos^{n-1} x \sin x + \frac{n-1}{n} \int \cos^{n-2} x \, dx$

$(113) \displaystyle\int \frac{1}{\sin^n x} \, dx = -\frac{1}{n-1} \cdot \frac{\cos x}{\sin^{n-1} x} + \frac{n-2}{n-1} \int \frac{1}{\sin^{n-2} x} \, dx$

$(114) \displaystyle\int \frac{1}{\cos^n x} \, dx = \frac{1}{n-1} \cdot \frac{\sin x}{\cos^{n-1} x} + \frac{n-2}{n-1} \int \frac{1}{\cos^{n-2} x} \, dx$

$(115) \displaystyle\int \cos^m x \sin^n x \, dx = \frac{1}{m+n} \cos^{m-1} x \sin^{n+1} x + \frac{m-1}{m+n} \int \cos^{m-2} x \sin^n x \, dx$

$$= -\frac{1}{m+n} \cos^{m+1} x \sin^{n-1} x + \frac{n-1}{m+n} \int \cos^m x \sin^{n-2} x \, dx$$

$(116)\displaystyle\int \sin ax\cos bx\,\mathrm{d}x = -\frac{1}{2(a+b)}\cos(a+b)\,x - \frac{1}{2(a-b)}\cos(a-b)\,x + C$

$(117)\displaystyle\int \sin ax\sin bx\,\mathrm{d}x = -\frac{1}{2(a+b)}\sin(a+b)\,x + \frac{1}{2(a-b)}\sin(a-b)\,x + C$

$(118)\displaystyle\int \cos ax\cos bx\,\mathrm{d}x = \frac{1}{2(a+b)}\sin(a+b)\,x + \frac{1}{2(a-b)}\sin(a-b)\,x + C$

$(119)\displaystyle\int \frac{1}{a+b\sin x}\,\mathrm{d}x = \frac{2}{\sqrt{a^2-b^2}}\arctan \frac{a\tan\frac{x}{2}+b}{\sqrt{a^2-b^2}} + C \qquad (a^2 > b^2)$

$(120)\displaystyle\int \frac{1}{a+b\sin x}\,\mathrm{d}x = \frac{1}{\sqrt{b^2-a^2}}\ln\left| \frac{a\tan\frac{x}{2}+b-\sqrt{b^2-a^2}}{a\tan\frac{x}{2}+b+\sqrt{b^2-a^2}} \right| + C$

$\qquad (a^2 < b^2)$

$(121)\displaystyle\int \frac{1}{a+b\cos x}\,\mathrm{d}x = \frac{2}{a+b}\sqrt{\frac{a+b}{a-b}}\arctan\left(\sqrt{\frac{a-b}{a+b}}\tan\frac{x}{2} \right) + C$

$\qquad (a^2 > b^2)$

$(122)\displaystyle\int \frac{1}{a+b\cos x}\,\mathrm{d}x = \frac{1}{a+b}\sqrt{\frac{a+b}{b-a}}\ln\left| \frac{\tan\frac{x}{2}+\sqrt{\frac{a+b}{b-a}}}{\tan\frac{x}{2}-\sqrt{\frac{a+b}{b-a}}} \right| + C$

$\qquad (a^2 < b^2)$

$(123)\displaystyle\int \frac{1}{a^2\cos^2 x + b^2\sin^2 x}\,\mathrm{d}x = \frac{1}{ab}\arctan\left(\frac{b}{a}\tan x \right) + C$

$(124)\displaystyle\int \frac{1}{a^2\cos^2 x - b^2\sin^2 x}\,\mathrm{d}x = \frac{1}{2ab}\ln\left| \frac{b\tan x + a}{b\tan x - a} \right| + C$

$(125)\displaystyle\int x\sin ax\,\mathrm{d}x = \frac{1}{a^2}\sin ax - \frac{1}{a}x\cos ax + C$

$(126) \displaystyle\int x^2 \sin ax \, \mathrm{d}x = -\frac{1}{a} x^2 \cos ax + \frac{2}{a^2} x \sin ax + \frac{2}{a^3} \cos ax + C$

$(127) \displaystyle\int x \cos ax \, \mathrm{d}x = \frac{1}{a^2} \cos ax + \frac{1}{a} x \sin ax + C$

$(128) \displaystyle\int x^2 \cos ax \, \mathrm{d}x = \frac{1}{a} x^2 \sin ax + \frac{2}{a^2} x \cos ax - \frac{2}{a^3} \sin ax + C$

第 6 部分　反三角函數積分表（$a>0$）

$(129) \displaystyle\int \arcsin \frac{x}{a} \, \mathrm{d}x = x \arcsin \frac{x}{a} + \sqrt{a^2 - x^2} + C$

$(130) \displaystyle\int x \arcsin \frac{x}{a} \, \mathrm{d}x = \left(\frac{x^2}{2} - \frac{a^2}{4} \right) \arcsin \frac{x}{a} + \frac{x}{4} \sqrt{a^2 - x^2} + C$

$(131) \displaystyle\int x^2 \arcsin \frac{x}{a} \, \mathrm{d}x = \frac{x^3}{3} \arcsin \frac{x}{a} + \frac{1}{9} (x^2 + 2a^2) \sqrt{a^2 - x^2} + C$

$(132) \displaystyle\int \arccos \frac{x}{a} \, \mathrm{d}x = x \arccos \frac{x}{a} - \sqrt{a^2 - x^2} + C$

$(133) \displaystyle\int x \arccos \frac{x}{a} \, \mathrm{d}x = \left(\frac{x^2}{2} - \frac{a^2}{4} \right) \arccos \frac{x}{a} - \frac{x}{4} \sqrt{a^2 - x^2} + C$

$(134) \displaystyle\int x^2 \arccos \frac{x}{a} \, \mathrm{d}x = \frac{x^3}{3} \arccos \frac{x}{a} - \frac{1}{9} (x^2 + 2a^2) \sqrt{a^2 - x^2} + C$

$(135) \displaystyle\int \arctan \frac{x}{a} \, \mathrm{d}x = x \arctan \frac{x}{a} - \frac{a}{2} \ln(a^2 + x^2) + C$

$(136) \displaystyle\int x \arctan \frac{x}{a} \, \mathrm{d}x = \frac{1}{2} (a^2 + x^2) \arctan \frac{x}{a} - \frac{a}{2} x + C$

$(137) \displaystyle\int x^2 \arctan \frac{x}{a} \, \mathrm{d}x = \frac{x^3}{3} \arctan \frac{x}{a} - \frac{a}{6} x^2 + \frac{a^3}{6} \ln(a^2 + x^2) + C$

第 7 部分　指數函數積分表

$(138)\displaystyle\int a^x\,\mathrm{d}x=\frac{1}{\ln a}a^x+C$

$(139)\displaystyle\int \mathrm{e}^{ax}\,\mathrm{d}x=\frac{1}{a}\mathrm{e}^{ax}+C$

$(140)\displaystyle\int x\,\mathrm{e}^{ax}\,\mathrm{d}x=\frac{1}{a^2}\left(ax-1\right)\mathrm{e}^{ax}+C$

$(141)\displaystyle\int x^n\,\mathrm{e}^{ax}\,\mathrm{d}x=\frac{1}{a}x^n\,\mathrm{e}^{ax}-\frac{n}{a}\int x^{n-1}\,\mathrm{e}^{ax}\,\mathrm{d}x$

$(142)\displaystyle\int xa^x\,\mathrm{d}x=\frac{x}{\ln a}a^x-\frac{1}{(\ln a)^2}a^x+C$

$(143)\displaystyle\int x^n a^x\,\mathrm{d}x=\frac{1}{\ln a}x^n a^x-\frac{n}{\ln a}\int x^{n-1}a^x\,\mathrm{d}x$

$(144)\displaystyle\int \mathrm{e}^{ax}\sin bx\,\mathrm{d}x=\frac{1}{a^2+b^2}\mathrm{e}^{ax}\left(a\sin bx-b\cos bx\right)+C$

$(145)\displaystyle\int \mathrm{e}^{ax}\cos bx\,\mathrm{d}x=\frac{1}{a^2+b^2}\mathrm{e}^{ax}\left(b\sin bx+a\cos bx\right)+C$

$(146)\displaystyle\int \mathrm{e}^{ax}\sin^n bx\,\mathrm{d}x=\frac{1}{a^2+b^2n^2}\mathrm{e}^{ax}\sin^{n-1}bx\left(a\sin bx-nb\cos bx\right)+$
$$\frac{n\left(n-1\right)b^2}{a^2+b^2n^2}\int \mathrm{e}^{ax}\sin^{n-2}bx\,\mathrm{d}x$$

$(147)\displaystyle\int \mathrm{e}^{ax}\cos^n bx\,\mathrm{d}x=\frac{1}{a^2+b^2n^2}\mathrm{e}^{ax}\cos^{n-1}bx\left(a\cos bx+nb\sin bx\right)+$
$$\frac{n\left(n-1\right)b^2}{a^2+b^2n^2}\int \mathrm{e}^{ax}\cos^{n-2}bx\,\mathrm{d}x$$

第 8 部分　對數函數積分表

(148) $\int \ln x \, dx = x \ln x - x + C$

(149) $\int \dfrac{1}{x \ln x} dx = \ln |\ln x| + C$

(150) $\int x^n \ln x \, dx = \dfrac{1}{n+1} x^{n+1} \left(\ln x - \dfrac{1}{n+1} \right) + C$

(151) $\int (\ln x)^n \, dx = x (\ln x)^n - n \int (\ln x)^{n-1} dx$

(152) $\int x^m (\ln x)^n \, dx = \dfrac{1}{m+1} x^{m+1} (\ln x)^n - \dfrac{n}{m+1} \int x^m (\ln x)^{n-1} dx$

第 9 部分　雙曲函數積分表

(153) $\int sh x \, dx = ch x + C$

(154) $\int ch x \, dx = sh x + C$

(155) $\int th x \, dx = \ln ch x + C$

(156) $\int sh^2 x \, dx = -\dfrac{x}{2} + \dfrac{1}{4} sh 2x + C$

(157) $\int ch^2 x \, dx = \dfrac{x}{2} + \dfrac{1}{4} sh 2x + C$

第 10 部分　不定積分的一般公式

(158) $\int [f(x) \pm g(x)] \, dx = \int f(x) \, dx \pm \int g(x) \, dx$

(159) $\displaystyle\int c f(x)\,\mathrm{d}x = c\int f(x)\,\mathrm{d}x \qquad (c \neq 0)$

(160) $\displaystyle\int f(x)\,G(x)\,\mathrm{d}x = F(x)\,G(x) - \int F(x)\,g(x)\,\mathrm{d}x$

(161) $x = g(y)$, $y = g_{(-1)}(x)$ $\displaystyle\int f(x)\,\mathrm{d}x = \int f[g(y)]\,g'(y)\,\mathrm{d}y$

第 11 部分　反函數積分

這裡用 $x = f_{(-1)}(y)$ 表示 $y = f(x)$ 的反函數

(162) $\displaystyle\int f_{(-1)}(y)\,\mathrm{d}y = y f_{(-1)}(y) - \int f(x)\,\mathrm{d}x$

(163) $\displaystyle\int f_{(-1)}(y)\,g(y)\,\mathrm{d}y = f_{(-1)}(y)\,G(y) - \int G[f(x)]\,\mathrm{d}x$

(164) $\displaystyle\int H[f_{(-1)}(y)]\,g(y)\,\mathrm{d}y$

$\displaystyle\qquad = H[f_{(-1)}(y)]\,G(y) - \int h(x)\,G[f(x)]\,\mathrm{d}x$

(165) $\displaystyle\int F_1[y,f_{(-1)}(y)]\,\mathrm{d}y = F[y,f_{(-1)}(y)] - \int F_2[f(x),x]\,\mathrm{d}x$

$\left(F_1(x_1,x_2) = \dfrac{\partial}{\partial x_1}F(x_1,x_2),\ F_2(x_1,x_2) = \dfrac{\partial}{\partial x_2}F(x_1,x_2)\right)$

附錄 4　多元函數的微積分簡介

　　在第 1 章中我們就討論過多元函數，對於一元函數來說，有導數（求導）、微分、積分、泰勒展開等概念。實際上，多元函數也有這些概念，只不過由於多元函數的自變數不止一個，可能會有兩個或更多，所以多元函數中，（多個）自變數和（一個）應變數之間的關係，往往要比一元函數的複雜得多。本書只簡單的介紹多元函數的微積分，如果想要深入了解，請查閱同濟大學數學系編寫的《高等數學（下冊）》一書。

　　二元及以上的函數統稱為多元函數。對於二元函數來說，它的定義域通常是：由平面上的一條或幾條光滑曲線所圍成的平面區域。圍成區域的曲線稱為區域的邊界，包括邊界在內的區域稱為閉區域，否則為開區域。和一元函數一樣，多元函數也有定義域、值域、自變數、應變數等概念和性質。

　　在討論一元函數時，我們介紹過導數的概念，現在就以二元函數 $f(x，y)$ 為例來解釋偏導數（多元函數的導數）。假設只有自變數 x 變化，而另一自變數 y 不變化，這樣多元函數就可以被看成對一元函數求導了。一元函數 $y=f(x)$ 的導數可以表示為 $\dfrac{\mathrm{d}y}{\mathrm{d}x}$，而二元函數 $z=f(x，y)$ 的 x 的偏導數，則要表示為 $\dfrac{\partial z}{\partial x}$，$z=f(x，y)$ 的 y 的偏導數，則要表示

為 $\dfrac{\partial z}{\partial y}$ 。

對於一元函數 $y=f(x)$ 的二階導數要表示為 $\dfrac{\partial^2 z}{\partial x^2}$ ，而對於二元函數來說，二階導數則有 4 個，分別是：

$$\frac{\partial^2 z}{\partial x^2} \cdot \frac{\partial^2 z}{\partial x \partial y} \cdot \frac{\partial^2 z}{\partial y \partial x} \cdot \frac{\partial^2 z}{\partial y^2}$$

在第 4 章中我們介紹過一元函數的泰勒展開。泰勒展開是一個用函數在某點的資訊，描述其附近取值的公式。如果函數夠平滑，在已知函數某一點的各階導數值之下，泰勒展開可以用這些導數值做係數，建構一個多項式來計算函數在這一點的鄰域中的值。此外，泰勒展開還提供這個多項式和實際函數值之間的偏差。多元函數也有泰勒展開的概念，必須考慮用多個變數的多項式來近似表達一個多元函數，這裡就不再對多元函數的泰勒展開多做介紹。

想要了解多元函數的微積分，可以查閱《多元函數》、《高等數學（下冊）》等書。《多元函數》是美國作者弗萊明（Wendell Fleming）編寫關於多元函數的教科書，在此特別推薦給各位想深入學習的讀者。

參考文獻

1. 《數學家傳略辭典》，梁宗巨（1989），山東教育出版社。

2. 《積分表彙編》，鄒鳳梧、劉中柱、周懷春（1992），北京：宇航出版社。

3. *Mac Tutor History of Mathematics archive.* William Oughtred（1996）。

4. 《科學技術與辯證法》，1996年第2期，烏雲其其格（1996）。

5. 《高等數學（第六版）》，同濟大學數學系（2007），北京：高等教育出版社。

6. 《數學模型（第四版）》，薑啟源、謝金星、葉俊（2011），北京：高等教育出版社。

7. 《布萊尼茲二進位》，韓雪濤（2012），豆丁網。

8. 《探訪萊布尼茲：與大師穿越時空的碰撞》（2013），果殼。

9. 《周易》簡介（2014），中國中央電視臺。

國家圖書館出版品預行編目（CIP）資料

七小時微積分 Pass 過：商管學院、高中生入門必備，快速
搞定斜率、曲邊梯形面積、極限……躲不掉的大魔王，我絕
不重修。／劉祺著. -- 初版. -- 臺北市：大是文化有限公司，
2023.01
272 面；17×23 公分. -- （Style：70）
ISBN 978-626-7192-73-3（平裝）

1. CST：微積分

314.1   111018460

Style 070

七小時微積分 Pass 過

商管學院、高中生入門必備，快速搞定斜率、曲邊梯形面積、極限……
躲不掉的大魔王，我絕不重修。

作　　　者／劉　祺
責任編輯／宋方儀
校對編輯／張祐唐
美術編輯／林彥君
副總編輯／顏惠君
總 編 輯／吳依瑋
發 行 人／徐仲秋
會計助理／李秀娟
會　　　計／許鳳雪
版權主任／劉宗德
版權經理／郝麗珍
行銷企劃／徐千晴
行銷業務／李秀蕙
業務專員／馬絮盈、留婉茹
業務經理／林裕安
總 經 理／陳絜吾

出 版 者／大是文化有限公司
　　　　　臺北市 100 衡陽路 7 號 8 樓
　　　　　編輯部電話：（02）23757911
　　　　　購書相關諮詢請洽：（02）23757911 分機 122
　　　　　24小時讀者服務傳真：（02）23756999
　　　　　讀者服務E-mail：dscsms28@gmail.com
　　　　　郵政劃撥帳號：19983366　戶名：大是文化有限公司

法律顧問／永然聯合法律事務所
香港發行／豐達出版發行有限公司 Rich Publishing & Distribution Ltd
　　　　　地址：香港柴灣永泰道 70 號柴灣工業城第 2 期 1805 室
　　　　　　　　Unit 1805, Ph.2, Chai Wan Ind City, 70 Wing Tai Rd, Chai Wan, Hong Kong
　　　　　電話：21726513　傳真：21724355
　　　　　E-mail：cary@subseasy.com.hk

封面設計／林雯瑛　內頁排版／江慧雯
印　　　刷／緯峰印刷股份有限公司

出版日期／2023 年 1 月初版
定　　　價／新臺幣 399 元（缺頁或裝訂錯誤的書，請寄回更換）
I S B N／978-626-7192-73-3
電子書ISBN／9786267192740（PDF）
　　　　　　9786267192757（EPUB）